INFO ABOUT RIGHTS

ISBN-13: 978-1544000596

ISBN-10: 1544000596

Manual de
Mecánica del automóvil
Fundamentos, componentes y mantenimiento

Ing. Miguel D'Addario

Primera edición
CE
2017

Índice

El Motor de explosión / *90*

El sistema de distribución / *104*

Autor

Ingeniero industrial (UNC), Técnico superior en equipos industriales, mantenimiento y gestión, e instructor de AutoCAD, 3D y modelado. Ha publicado una centena de libros, en su mayoría técnicos educativos para todos los niveles.

Ha desarrollado su experiencia en diversos campos de la docencia, desde la Formación Profesional hasta el nivel Universitario, tanto en Iberoamérica como en Europa.

Sus libros están distribuidos en los cinco Continentes, son de consulta asidua en Bibliotecas del mundo, y se encuentran inscritos en los catálogos, ISBNs y bases bibliográficas Internacionales.

Son traducidos a múltiples idiomas y pueden encontrarse en los bookstores internacionales, tanto en formato papel como en versión electrónica.

Introducción

Historia

El primer automóvil con motor de combustión interna se atribuye a Karl Friedrich Benz en la ciudad de Mannheim en 1886 con el modelo Benz Patent-Motorwagen.5 Poco después, otros pioneros como Gottlieb Daimler y Wilhelm Maybach presentaron sus modelos. El primer viaje largo en un automóvil lo realizó Bertha Benz en 1888 al ir de Mannheim a Pforzheim, ciudades separadas entre sí por unos 105 km.6 Cabe destacar que fue un hito en la automovilística antigua, dado que un automóvil de esta época tenía como velocidad máxima unos 20 km/h, gastaba muchísimo más combustible de lo que gasta ahora un vehículo a esa misma velocidad y la gasolina se compraba en farmacias, donde no estaba disponible en grandes cantidades. El 8 de octubre de 1908, Henry Ford comenzó a producir automóviles en una cadena de montaje con el Ford modelo T, lo que le permitió alcanzar cifras de fabricación hasta entonces impensables. Ford aprovechó el empuje de la Revolución industrial y comenzó a fabricar el Modelo T, en serie, esto era algo nunca antes visto ya que previamente todos los automóviles se fabrican a mano, con un proceso artesanal que requería de mucho tiempo. La línea de ensamble de Ford le permitió fabricar los Modelo T durante casi veinte años, en los cuales produjo quince millones de ejemplares.

Definición

Automóvil es el vehículo a motor que sirve normalmente para el transporte de personas o de cosas, o de ambas a la vez, o para tracción de otros vehículos con aquel fin, excluyendo de esta definición los vehículos especiales. La energía, para su desplazamiento la proporciona el motor. Esta energía llega a las ruedas por medio del sistema de transmisión, que se complementa con otros elementos para conseguir la seguridad activa en el vehículo. El sistema de suspensión, evita que las irregularidades del terreno se transmitan a la carrocería; el sistema de dirección, sirve para orientar la trayectoria del vehículo, y el sistema de frenos es necesario para detener el vehículo. Otros componentes corresponden al sistema eléctrico y a los que integran la seguridad pasiva del automóvil, como es la propia carrocería, entre otros elementos.

El término automóvil (del griego αὐτο "uno mismo", y del latín mobĭlis "que se mueve") se utiliza por antonomasia para referirse a los automóviles de turismo. En una definición más genérica, se refiere a un vehículo autopropulsado destinado al transporte de personas o mercancías sin necesidad de carriles. Existen diferentes tipos de automóviles, como camiones, autobuses, furgonetas, motocicletas, motocarros o cuatriciclos.

Sus partes principales son

- Estructura (Carrocería, Chasis, Bastidor)
- Neumático
- Autoestop
- Llanta
- Volante de dirección
- Motor (Grupo motopropulsor: motor, embrague, caja de cambios)
- Palanca de cambios
- Transmisión
- Frenos
- Dirección

- Suspensión
- Sistemas auxiliares de seguridad y confort.

Clasificación de los automóviles

Según Reglamento de Homologación nº 13

- L: Vehículos de menos de 4 ruedas:
- L1: Cilindrada menor a 50 c.c. y cuya velocidad es inferior a 50 km/h con 2 ruedas.
- L2: Cilindrada menor a 50 c.c. y cuya velocidad es inferior a 50 km/h con 3 ruedas.
- L3: Cilindrada mayor a 50 c.c. y cuya velocidad es mayor a 50 km/h con 2 ruedas.
- L4: Cilindrada mayor a 50 c.c. y cuya velocidad es superior a 50 km/h con 3 ruedas asimétricas.
- L5: Masa máxima autorizada (M.M.A.) menor a 1000 kg y cilindrada mayor a 50 km/h con tres ruedas asimétricas.
- M: Vehículos destinados al transporte de personas:
- M: Vehículos de 4 o 3 ruedas cuya M.M.A. sea inferior a 1000 kg.
- M1: Vehículos con una capacidad igual o inferior a 9 plazas.

- M2: Vehículos con una capacidad mayor a 9 plazas y una M.M.A. inferior a 5000 kg.
- M3: Vehículos con una capacidad mayor a 9 plazas y una M.M.A. superior a 5000 kg
- N: Vehículos destinados al transporte de mercancías:
- N: Vehículos de 4 o 3 ruedas cuya M.M.A. sea inferior a 1000 kg.
- N1: Vehículos cuya M.M.A. sea inferior a 3500 kg.
- N2: Vehículos cuya M.M.A. sea inferior a 12000 kg.
- N3: Vehículos cuya M.M.A. sea superior a 12.000 kg.
- O: Remolques y semirremolques:
- O1: Remolques y semirremolques cuya M.M.A. sea inferior a 750 kg.
- O2: Remolques y semirremolques cuya M.M.A. sea superior a 750 kg. e inferior a 3500 kg.
- O3: Remolques y semirremolques cuya M.M.A. se superior a 3500 kg e inferior a 10000 kg.
- O4: Remolques y semirremolques cuya M.M.A. se superior a 10000 kg.

Según Directivas CE 77/143, 88/449, 91/328

- Categoría 1: Destinados al transporte de personas con más de 9 plazas.
- Categoría 2: Destinados al transporte de mercancías cuya M.M.A. exceda de 3500 kg.
- Categoría 3: Remolques o semirremolques cuya M.M.A. exceda de 3500 kg.
- Categoría 4: Transporte de personas con aparato taxímetro o ambulancia.
- Categoría 5: Mínimo 4 ruedas, destinados al transporte de personas con una M.M.A. de hasta 3500 kg.

Método de propulsión

Los automóviles se propulsan mediante diferentes tipos de motores como son:

- *Motores de vapor.* Fueron los primeros motores empleados en máquinas automóviles. Su principio de funcionamiento se basa en quemar un combustible para calentar agua dentro de una caldera (inicialmente fue mediante leña o carbón) por encima del punto de ebullición generando así una elevada presión en su interior. Cuando se alcanza determinado nivel de presión el vapor es conducido, mediante válvulas, a un sistema de cilindros que transforma la energía del vapor en movimiento alternativo, que a su vez es transmitido a las ruedas. El uso más habitual de estos motores fue en los ferrocarriles.

· *Motores de combustión interna*: El combustible reacciona con un comburente, normalmente el oxígeno del aire, produciéndose una combustión dentro de los cilindros. Mediante dicha reacción exotérmica, parte de la energía del combustible es liberada en forma de energía térmica que, mediante un proceso termodinámico, se transforma parcialmente en energía mecánica. En automoción, los motores más utilizados son los motores de combustión interna, especialmente los alternativos motores Otto y motores diésel, aunque también se utilizan motores rotativos Wankel o turbinas de reacción.

· *Motor eléctrico*: Consumen electricidad que se suele suministrar mediante baterías que admiten varios ciclos de carga y descarga. Durante la descarga, la energía interna de los reactivos es transformada parcialmente en energía eléctrica. Este proceso se realiza mediante una reacción electroquímica de reducción-oxidación, dando lugar a la oxidación en el terminal negativo, que actúa como ánodo, y la reducción en el terminal positivo, que actúa como cátodo. La energía eléctrica obtenida es transformada por el motor eléctrico en energía mecánica. Durante la carga, se proporciona energía eléctrica a la batería para que aumente su energía interna y la reacción reversible de oxidación-reducción se realiza en sentido opuesto al de la descarga, dando lugar a la reducción en el terminal negativo, que actúa de como cátodo y la oxidación en el terminal positivo que actúa como ánodo.

Accionamiento por combustibles

Actualmente, los combustibles más utilizados para accionar los motores de los automóviles son algunos productos derivados del petróleo y del gas natural, como la gasolina, el gasóleo, gases licuados del petróleo (butano y propano), gas natural vehicular o gas natural comprimido. Fuera del ámbito de los turismos se utilizan otros combustibles para el accionamiento de vehículos de otros medios de transporte, como el fueloil en algunos barcos o el queroseno en las turbinas del transporte aéreo. En algunos países también se utilizan biocombustibles como el bioetanol o el biodiesel. Los principales productores de bioetanol son Estados Unidos y Brasil, seguidos de lejos por la Unión Europea, China y Canadá, generalmente a partir de la fermentación del azúcar de productos agrícolas como maíz, caña de azúcar, remolacha o cereales como trigo o cebada. El biodiesel es producido principalmente por la Unión Europea y Estados Unidos, en su mayor parte a partir de la esterificación y transesterificación de aceites de plantas oleaginosas, usados o sin usar, como el girasol, la palma o la soja. Existe debate sobre la viabilidad energética de estos combustibles y cuestionamientos por el efecto que tienen al competir con la disponibilidad de tierras para el cultivo de alimentos. Sin embargo, tanto el impacto sobre el ambiente como el efecto sobre el precio y disponibilidad de los alimentos dependen del tipo de insumo que se utilice para producir el biocombustible. En el caso del bioetanol, cuando es producido a partir de maíz se considera que sus impactos son significativos y su eficiencia energética es menor, mientras que la producción de etanol en Brasil a partir de caña de azúcar es considerada sostenible. No obstante también existe biodiesel obtenido de aceites vegetales usados y desechados ya para alimentación que no tendrían impacto negativo alguno en el medio ambiente.

Accionamiento eléctrico

Aunque hace muchos años que se utilizan los vehículos eléctricos en diferentes ámbitos del sector industrial, ha sido recientemente (por cuestiones políticas) que se han comenzado a producir en serie turismos con motor eléctrico. Si bien la autonomía de estos vehículos es muy limitada debido a la poca carga eléctrica almacenable en las baterías por unidad de masa, en un futuro esa capacidad podría aumentarse. La propulsión eléctrica tiene la principal desventaja en su peso, corta autonomía y excesivo tiempo de recarga (debido a las baterías); como ventajas, tienen la variación continua de velocidad, sencillez -no requiere embrague ni caja de engranes- y recuperabilidad de la energía al frenar. Los automóviles eléctricos no producen contaminación atmosférica ni contaminación sonora en el lugar de uso.

Accionamiento híbrido

Los híbridos pueden ser vehículos de combustión que mueven un generador para cargar baterías o vehículos con los dos sistemas (de combustión y eléctrico) instalados separadamente. Recientemente se ha comenzado la comercialización de automóviles de turismo híbridos, que poseen un motor eléctrico principal (o uno en cada rueda). Además tienen un motor térmico de pistones o turbina que mueve a un generador eléctrico a bordo, para recargar las baterías mientras se viaja, que funciona cuando las baterías se descargan. Las baterías se recargan con la energía proporcionada por el generador eléctrico movido por el motor térmico o al frenar el automóvil con frenos regenerativos. Los turbogeneradores tienen ventajas de peso, limpieza, bajo mantenimiento y variabilidad de combustibles (en estas épocas de incertidumbre petrolera), ante los motores de pistones. En todo caso siguen siendo vehículos de combustión con la opción eléctrica para desplazamientos cortos.

Otros sistemas de propulsión

Otra forma de energía para el automóvil es el hidrógeno, que no es una fuente de energía primaria, sino un vector energético, pues para su obtención es necesario consumir energía. La combinación del hidrógeno con el oxígeno deja como único residuo vapor de agua. Hay dos métodos para aprovechar el hidrógeno, uno mediante un motor de combustión interna y otro mediante pilas de combustible, una tecnología actualmente cara y en pleno proceso de desarrollo. El hidrógeno normalmente se obtiene a partir de hidrocarburos mediante el procedimiento de reformado con vapor. Podría obtenerse por medio de electrólisis del agua, pero no suele hacerse pues es un procedimiento que consume más energía de la que después aporta. También existen motores experimentales que funcionan con aire comprimido. La compresión del aire debe ser generada previamente con otro motor, por lo que se consume más energía en la generación de la que se recupera después y no son prácticos.

Contaminación

En Europa se está extendiendo entre los consumidores la tendencia a comprar coches que generen menos contaminación, uno de los mayores problemas actuales en el mundo. Algunas marcas, como Honda o Toyota, Chevrolet, Ford y otras marcas ya están yendo hacia la electrificación del transporte con vehículos híbridos (un motor de gasolina y otro eléctrico). En España, la etiqueta energética ya está disponible también para los coches. Los vehículos clasificados como A y B emiten niveles de CO_2 por debajo del umbral de 120 g/km, los vehículos clasificados como G, en cambio, emiten más que el doble. La sociedad JATO Dynamics (en), nacida en 1984 y presente en más de 40 países evaluó por marca cuáles son en promedio los que producen los vehículos menos contaminantes. De la investigación FIAT ocupó el primer lugar con 133,7 g/km (gramo de emisión de CO_2 por kilómetro recorrido). Le siguen Peugeot con 138,1 g/km, Citroën con 142,4 g/km, Renault con 142,7 g/km, Toyota con 144,9 g/km y cierra la lista Ford con 147,8 g/km. En la actualidad la norma europea sobre emisiones no limita las emisiones de CO_2 en automóviles, aunque sí se indica el CO_2 que emiten los automóviles en la etiqueta energética y, con la entrada en vigor de la norma Euro V el 1 de septiembre de 2009 y tras un periodo de adaptación que finalizará en 2012, se reducirán los niveles medios de CO_2 de cada marca a 130 g/km. Cabe indicar que las emisiones de CO_2 (g/km) de un motor térmico son proporcionales al consumo de combustible (l/km), considerando que realizan una combustión completa; siendo la razón de proporcionalidad diferente para cada combustible, en función de su concentración de carbono. Lamentablemente todas estas normas responden más a cuestiones políticas que reales ya que básicamente solo se tiene en cuenta para definir contaminación las emisiones de CO_2, CO y poca cosa más. No se hace ninguna referencia en estas normas a la contaminación del ciclo completo de cada vehículo (toxicidad de materiales etc.) o a la que genera el uso de electricidad cuando es generada de forma no renovable (carbón, nuclear, diésel, etc.) en su fuente primaria.

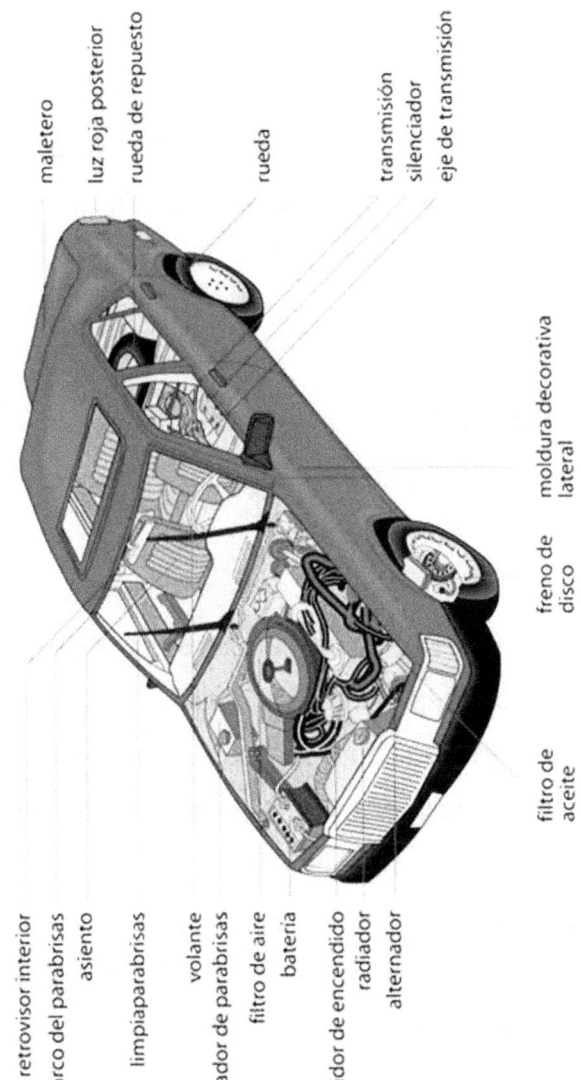

maletero
luz roja posterior
rueda de repuesto

rueda

transmisión
silenciador
eje de transmisión

moldura decorativa
lateral

freno de
disco

filtro de
aceite

retrovisor interior
marco del parabrisas
asiento

limpiaparabrisas

volante
limpiador de parabrisas
filtro de aire
batería

distribuidor de encendido
radiador
alternador

Sistemas o conjuntos del automóvil

Sin entrar en su composición y funcionamiento, enumeramos los distintos sistemas o conjuntos que forman el vehículo, su orden de colocación y misiones. Podemos considerar dos partes esenciales en su formación: la carrocería y el chasis.

La carrocería

Actualmente los turismos se fabrican con la carrocería como soporte o bastidor de los distintos conjuntos o sistemas que se acoplan en el vehículo, denominándose carrocería monocasco o autoportante. Estas carrocerías se construyen con una estructura resistente a los esfuerzos a que está sometida, y en función a las posibles deformaciones, en caso de accidente, atendiendo a la seguridad pasiva y a los conjuntos que soporta.

Excepcionalmente, en los turismos "todo terreno", la carrocería se monta sobre un bastidor formado por largueros y travesaños.

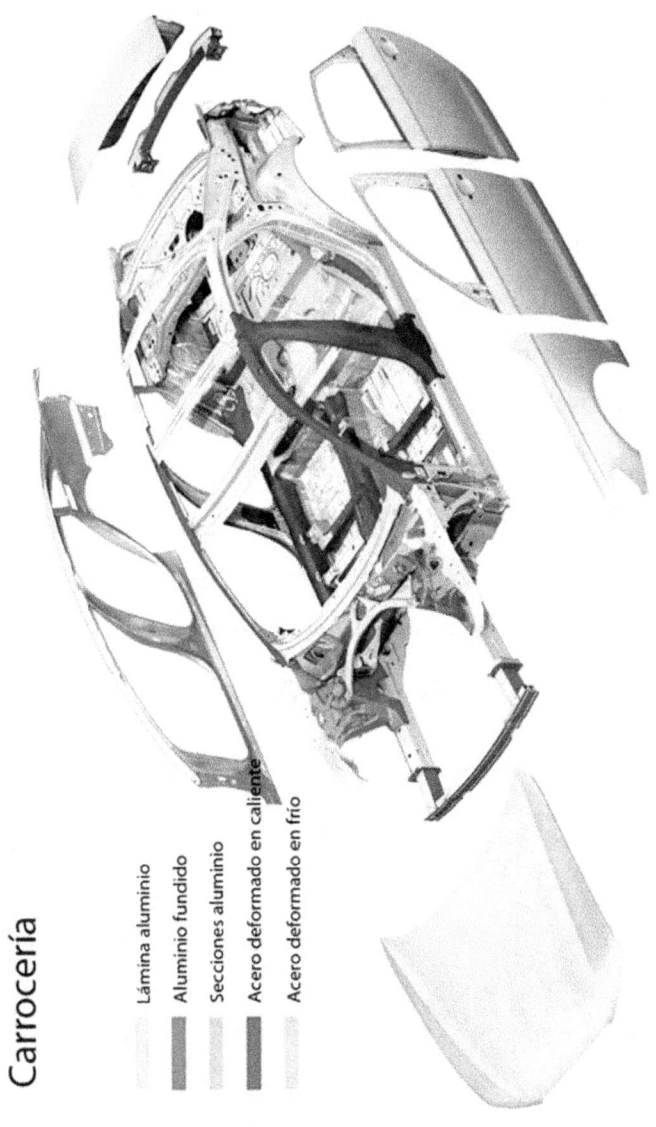

Carrocería

Lámina aluminio

Aluminio fundido

Secciones aluminio

Acero deformado en caliente

Acero deformado en frío

El chasis

El chasis está formado por: el bastidor y los sistemas o conjuntos que se acoplan al bastidor.

El bastidor

El bastidor lo forman los largueros y los travesaños. La disposición, dimensiones y su forma dependen de la función o trabajo a que el vehículo esté destinado.

El bastidor está sometido, durante el desarrollo del trabajo del vehículo, a grandes esfuerzos en todos los sentidos. Por lo tanto, su estructura y materiales así como los puntos de sujeción entre sus componentes, serán visados y entretenidos periódicamente, como medida preventiva a posibles indicios de roturas que son frecuentes en este conjunto.

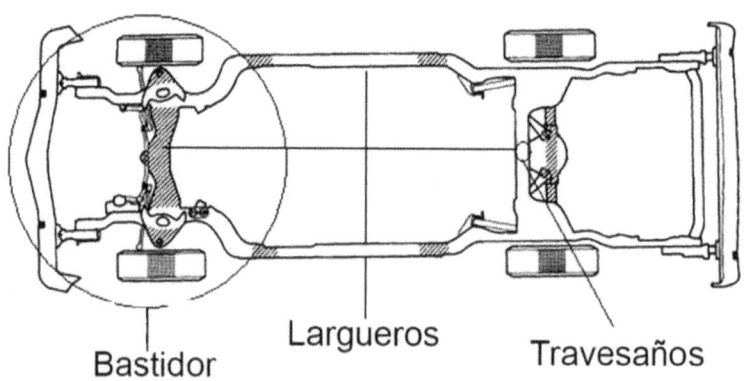

Bastidor   Largueros   Travesaños

Chasis Lotus Evora

El motor

El motor es el conjunto de elementos mecánicos que transforma la energía calorífica contenida en el combustible, gasolina o gasoil, en energía mecánica para obtener el desplazamiento del vehículo.

El motor para su funcionamiento dispone de los siguientes sistemas o subsistemas:

Mecánicos. Órganos del motor.

- De distribución.
- De lubricación.
- De refrigeración.
- De alimentación.
- Eléctrico de encendido y arranque.

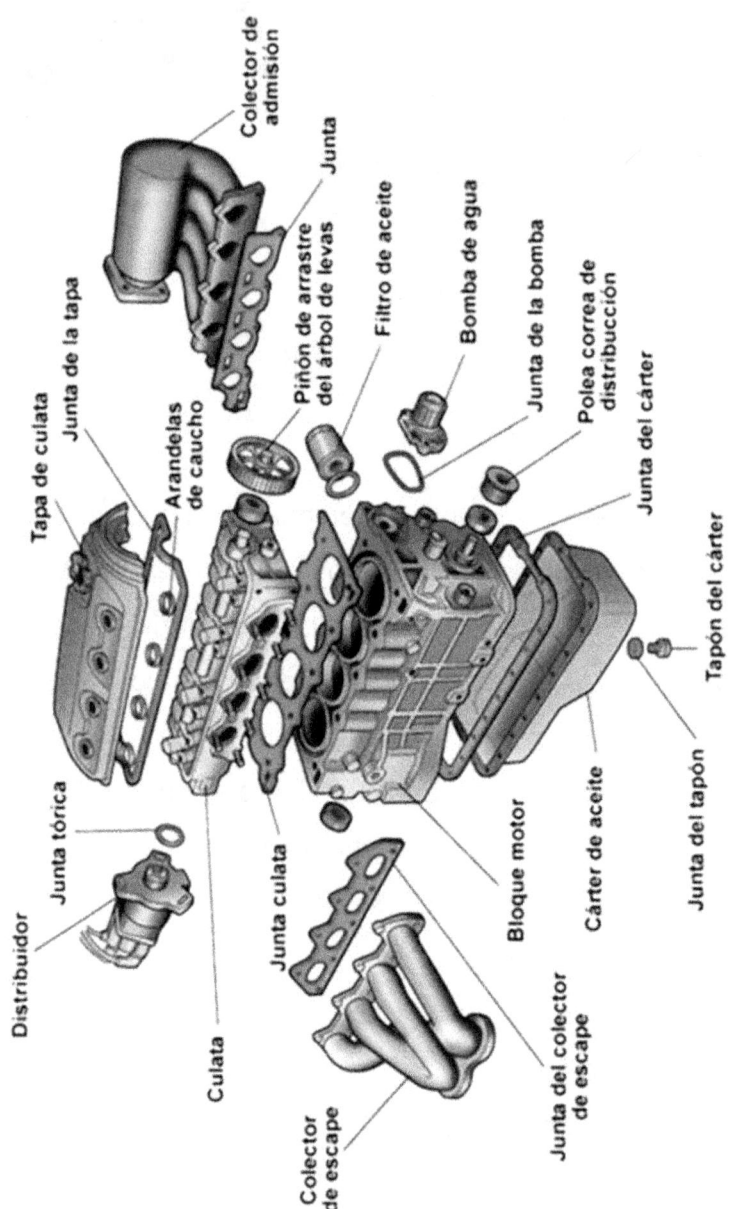

Despiece motor 4 tiempos

Colector de admisión

Junta

Filtro de aceite

Bomba de agua

Junta de la bomba

Polea correa de distribucción

Junta del cárter

Tapón del cárter

Junta del tapón

Cárter de aceite

Bloque motor

Junta del colector de escape

Colector de escape

Culata

Junta culata

Distribuidor

Junta tórica

Tapa de culata

Junta de la tapa

Arandelas de caucho

Piñón de arrastre del árbol de levas

Sistemas que componen el motor

Sistema de distribución

Su misión es la de regular la entrada y salida de los gases en los cilindros, para el llenado y vaciado de éstos, en el momento preciso.

Sistema de lubricación

Su misión es reducir el desgaste, facilitar el movimiento relativo de las piezas del motor. Refrigerar, en parte, estas piezas y mantener una presión de engrase máxima.

Sistema de refrigeración

Su misión es la de mantener una temperatura que proporcione el máximo rendimiento del motor (aproximadamente 85º C).

Sistema de alimentación

Su misión es la de proporcionar el combustible y el aire necesario para su funcionamiento, en función de las necesidades de cada momento, en los motores de explosión y el gasoil en los motores diesel.

Sistema eléctrico

El sistema eléctrico, por medio de sus correspondientes circuitos, tiene como misión, disponer de energía eléctrica suficiente y en todo momento a través de los circuitos que correspondan reglamentariamente de alumbrado y señalización, y de otros, que siendo optativos, colaboran en comodidad y seguridad.

El sistema eléctrico lo componen los siguientes circuitos:

- La batería
- Circuito de carga de la batería.
- Circuito de encendido eléctrico del motor.
- Circuito de arranque del motor eléctrico.
- Circuito electrónico para la inyección de gasolina.
- Circuito para las bujías de caldeo. Motores diesel.
- Circuito de alumbrado, señalización, control y accesorios.

La batería

La batería como almacén de energía eléctrica permite el arranque, el encendido del motor, el alumbrado y el accionamiento de los distintos accesorios. La batería recibe energía eléctrica del generador (alternador), se transforma en energía química almacenada, y la suministra de nuevo en forma de energía eléctrica cuando se establece el circuito de cualquier servicio o consumo (receptores).

Circuito de carga de la batería

El circuito de carga tiene como misión generar la corriente eléctrica suficiente para alimentar los receptores o consumos que estén funcionando y mantener la batería cargada. El alternador recibe energía mecánica y la transforma en energía eléctrica. Un regulador de tensión regula el voltaje a un valor constante, aunque varíen las revoluciones del motor.

Batería de automóviles

Circuito de encendido eléctrico del motor

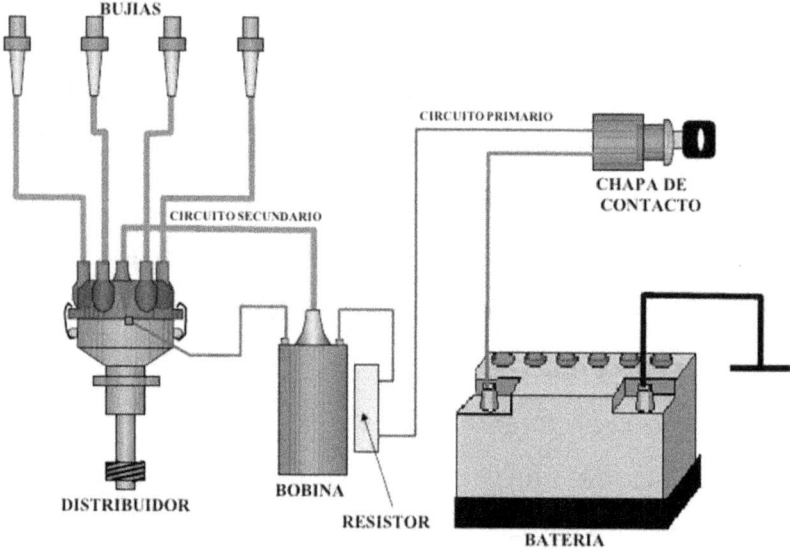

Encendido convencional

La misión del encendido en los motores de explosión es la de producir una chispa eléctrica de alta tensión en las bujías, en el momento oportuno, según un orden de explosiones.

Circuito de arranque del motor eléctrico

La misión del circuito de arranque del motor eléctrico, es la de imprimirle al motor (explosión o combustión), un giro inicial para que pueda comenzar el ciclo de funcionamiento.

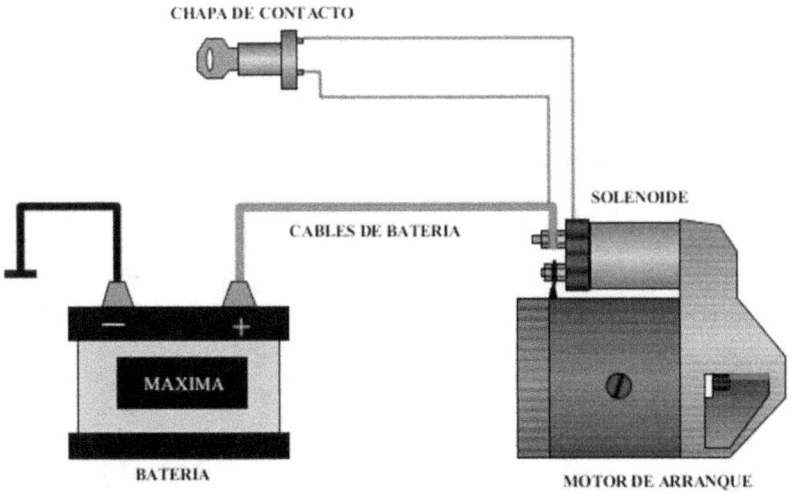

Sistema de arranque

Circuito electrónico para la inyección de gasolina

Tiene como misión la de inyectar gasolina en la parte correspondiente del motor, según el sistema empleado de inyección, directa o indirecta, monopunto o multipunto, y según las condiciones y necesidades de cada momento.

Circuito de bujías de caldeo. Motores diesel

Tiene como misión en los motores de combustión o diesel, facilitar el arranque, calentando previamente el aire que llega a los cilindros.

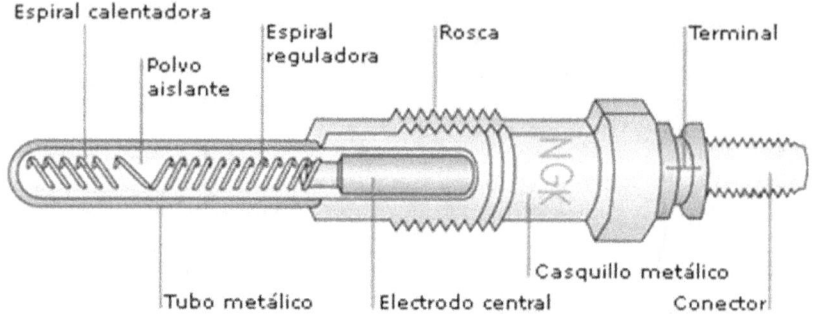

Detalle calentador

Circuito de alumbrado, señalización, control y accesorios

Estos circuitos ponen en funcionamiento el sistema de alumbrado y señalización, de acuerdo con lo estipulado en la normativa.

Por otra parte, existen elementos eléctricos que colaboran en la seguridad considerablemente: espejos eléctricos, lava y limpia-parabrisas, luces optativas, testigo, aparatos de control.

Otros accesorios que indican el funcionamiento en cada momento del sistema correspondiente.

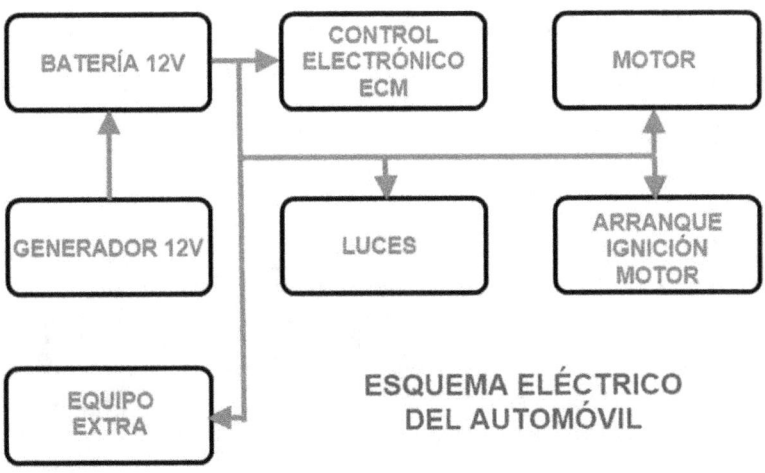

ESQUEMA ELÉCTRICO
DEL AUTOMÓVIL

Sistema de transmisión

Se entiende por el sistema de transmisión, el conjunto de elementos que transmiten la potencia desde la salida del motor hasta las ruedas. Todos estos elementos con misiones específicas, dentro del sistema de transmisión o cadena cinemática, son:

- El embrague.
- La caja de cambios.
- Árbol de transmisión.
- Eje motriz (par cónico diferencial).

La colocación y número de estos elementos variará dependiendo de la situación del motor y del eje motriz. En los turismos está muy generalizado la tracción delantera (motor y eje motriz delante), en los camiones y en algunos turismos la propulsión trasera (motor delantero o trasero y eje motriz trasero). En la actualidad se emplea la propulsión total 4 x 4.

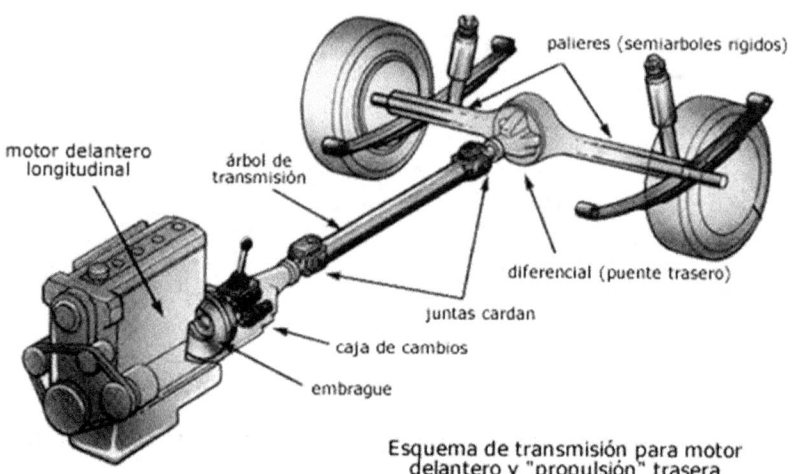

Esquema de transmisión para motor delantero y "propulsión" trasera

El embrague

El embrague es el conjunto que, situado entre el motor y la caja de cambios, tiene como misión:

- Acoplar (embragar) o desacoplar (desembragar) el motor de la caja de cambios.
- En el arranque, asegurar una unión progresiva.
- Desacoplar temporalmente el motor de los elementos de la transmisión al cambiar de marcha.

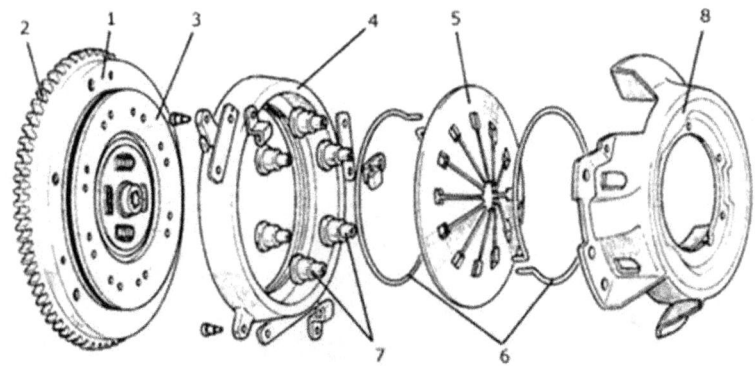

1.- Volante motor
2.- Corona dentada
3.- Disco de fricción
4.- Plato de presión o mordaza
5.- Muelle de diafragma
6.- Anillos de apoyo
7.- Espigas
8.- Cubierta

Despiece embrague de diafragma

La caja de cambios

La caja de cambios es el conjunto que, situado entre el embrague y el eje motriz:

Aprovecha al máximo la potencia del motor para vencer las variables resistencias del vehículo al desplazarse.

Modifica la fuerza o la velocidad aplicada a las ruedas.

En la misma proporción en que aumenta la fuerza, disminuye la velocidad (lo que se gana en fuerza se pierde en velocidad y a la inversa).

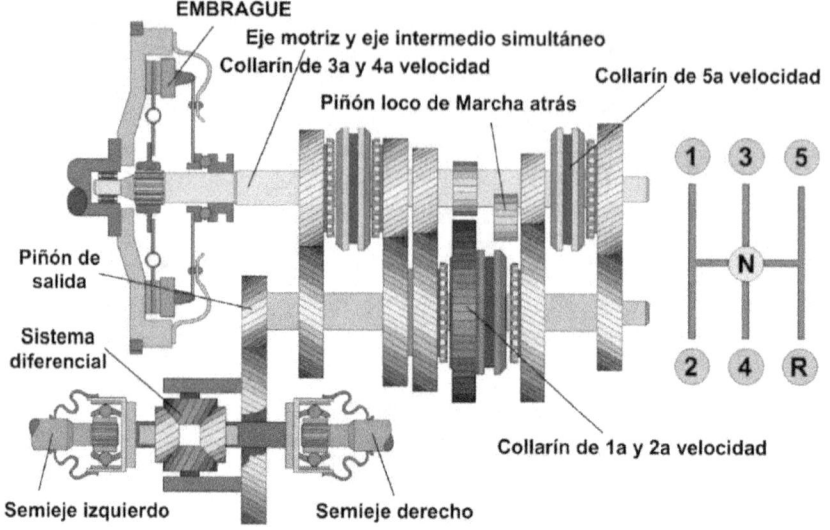

Detalles de una caja de cambios

El árbol de transmisión

El árbol de transmisión está situado entre la caja de cambios y el eje motriz.

Tiene como misión transmitir el movimiento que sale de la caja de cambios hasta el eje motriz, transmitiéndolo a las ruedas.

No existe cuando forma un solo conjunto el motor, caja de cambios y eje motriz.

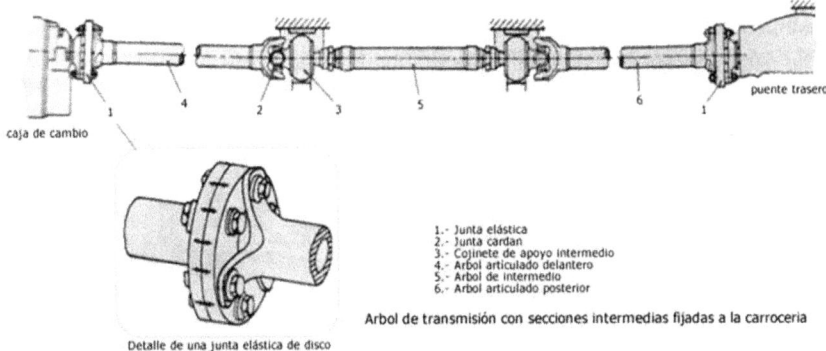

caja de cambio

puente trasero

1.- Junta elástica
2.- Junta cardan
3.- Cojinete de apoyo intermedio
4.- Arbol articulado delantero
5.- Arbol de intermedio
6.- Arbol articulado posterior

Arbol de transmisión con secciones intermedias fijadas a la carroceria

Detalle de una junta elástica de disco

El eje motriz (par cónico-diferencial)

El eje motriz, también llamado puente motriz, puede estar situado en la:

- Parte delantera (vehículo de tracción delantera).

- Parte trasera del vehículo (vehículo de propulsión trasera).

- Parte delantera y trasera a la vez (vehículo de propulsión total 4 x 4).

Lleva en su interior dos mecanismos:

- El par cónico piñón-corona, que reduce la velocidad y que cambia el movimiento longitudinal en transversal.

- El diferencial, que permite al tomar una curva, que la rueda exterior lleve más velocidad que la interior. La diferencia de vueltas equivale a la diferencia de espacio de recorrido.

* Lo que pierde la rueda interior la gana la exterior.

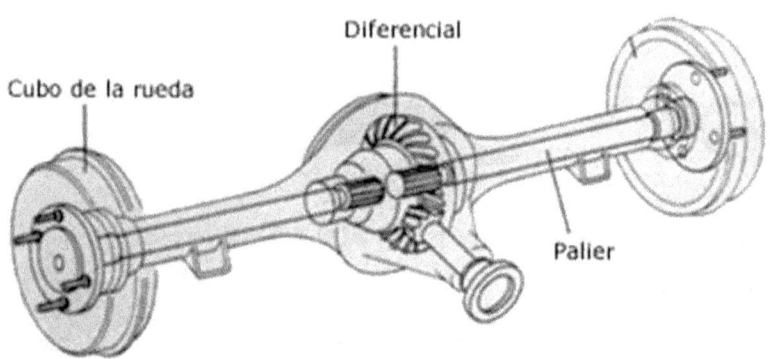

Puente motriz trasero

Sistema de suspensión

La misión de la suspensión, es la de impedir que las irregularidades del pavimento se transmita a la carrocería, aumentar el confort y sobre todo es un conjunto fundamental en la seguridad activa manteniendo bien apoyadas las ruedas sobre el pavimento.

Se acopla entre la carrocería o bastidor y los ejes de las ruedas.

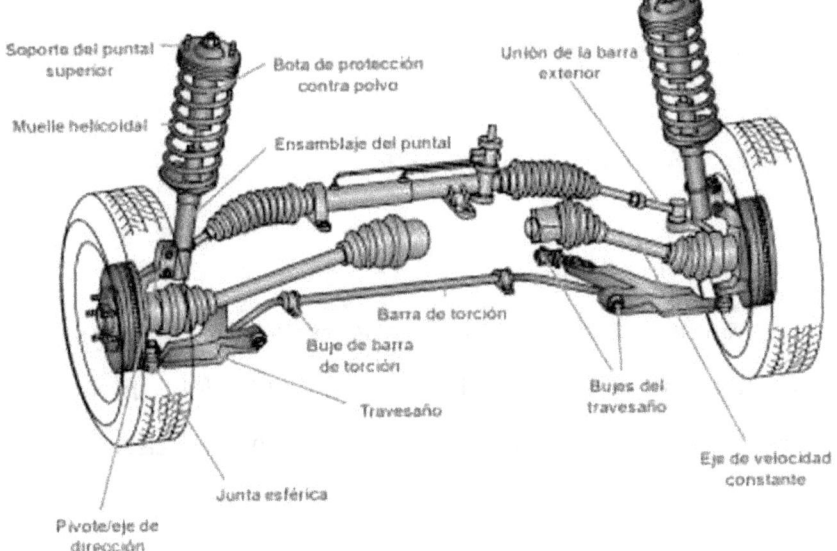

Componentes de suspensión

Sistema de dirección

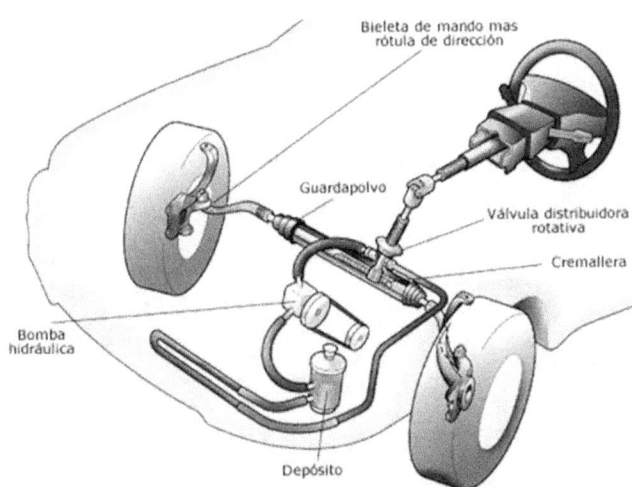

La misión de la dirección es la de orientar las ruedas delanteras para dirigir el vehículo a voluntad del conductor y con el menor esfuerzo. Para no tener que hacer grandes esfuerzos. Además de la reducción conseguida en la caja de engranajes, cada día se utiliza más la dirección asistida.

Sistema de frenado

La misión del sistema de frenos es la de obtener una fuerza que se oponga al desplazamiento del vehículo, reteniéndolo incluso hasta su total inmovilización y mantenerlo detenido, parado o estacionado si es voluntad del conductor.

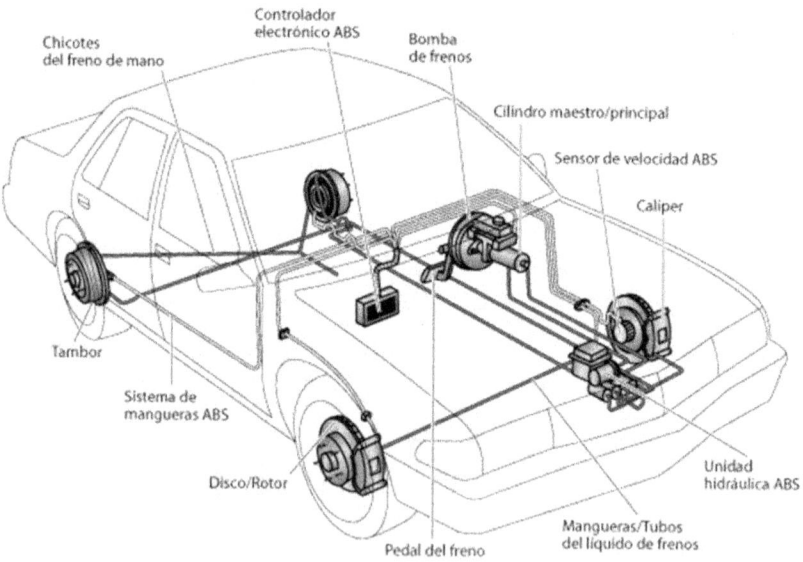

Ruedas y neumáticos

La rueda

La rueda tiene como misión, al mismo tiempo, transmitir la potencia y asegurar la dirección posibilitando su desplazamiento, es decir; sobre la rueda actúa la transmisión, la dirección y los frenos.

Es el conjunto metálico y está formado por:

- *La llanta*

  La llanta es la parte donde se acopla la cubierta.

- *El disco*

  El disco es la parte central que se une al buje o al tambor.

- *El neumático*

  Es la parte elástica.

  Está en contacto con el pavimento.

  Absorbe, aproximadamente, el 8% de las irregularidades del pavimento.

  Tiene la suficiente adherencia para poder transmitir la potencia del motor, el frenado y la dirección del vehículo.

Tiene gran importancia en la estabilidad.

Es un elemento fundamental en la seguridad activa.

Corte de una rueda: Neumático, llanta y disco

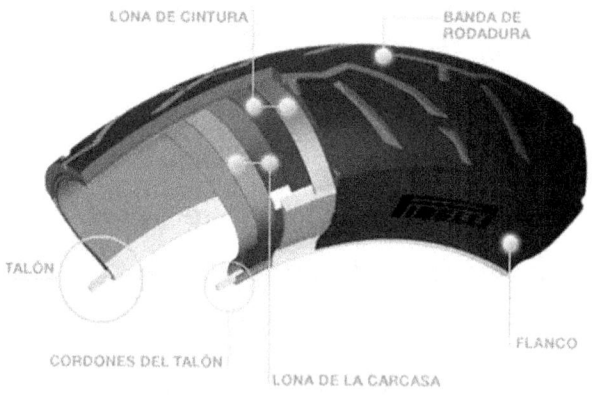

Partes de un neumático

El Motor

Definición y clasificación de motores

Por motor se entiende toda máquina que transforma en trabajo cualquier tipo de energía.

El motor del automóvil empleado hoy puede decirse que transforma la energía química almacenada en un combustible, o la energía eléctrica almacenada, en unos acumuladores, en energía mecánica.

Los tipos de motores generalmente empleados en el automóvil, son motores térmicos de combustión interna:

- De explosión (utilizan gasolina).
- De combustión o diesel (utilizan gasoil).

También existe el motor eléctrico, que aprovecha la energía eléctrica almacenada en una batería de acumuladores.

Motores de combustión interna

Pueden ser clasificados a su vez, según la forma de realizarse la combustión en:

- Motores de encendido provocados por una chispa: Se caracteriza porque la combustión se realiza con la intervención de chispa. Se denominan motores de explosión.

- Motores de encendido por compresión: Se caracteriza porque la combustión se realiza por autoencendido debido a las altas temperaturas alcanzadas por efecto de la presión. Se denominan motores de combustión o diesel.

Generalmente, los motores utilizados en los vehículos ligeros son de explosión y combustión. Los utilizados en vehículos pesados son de combustión, debido a su menor consumo y mayor duración.

Pueden ser de dos tipos: alternativos y rotativos.
Los más utilizados son los alternativos y menos los motores rotativos (Wankel).

Elementos de que consta el motor
Los elementos de que consta el motor son comunes a los dos tipos que existen: de explosión y de combustión. Actualmente existen pequeñas diferencias, al conseguirse grandes resistencias en los materiales y poco peso.

Estos elementos se pueden dividir en dos grandes grupos:

- Fijos.
- Móviles.

Elementos fijos

Son los que componen el armazón y la estructura externa del motor y cuya misión es alojar, sujetar y tapar los elementos del conjunto.

Estos son: el bloque de cilindros, culata, cárter y tapa de balancines.

Bloque de cilindros

Bloque de cilindros. Corte de Bancada y de los 4 cilindros

Es el elemento principal del motor. En él se pueden distinguir dos partes: los cilindros y la bancada o cárter superior.

Los cilindros

Son unas oquedades cilíndricas donde se desplazará el pistón realizando un movimiento lineal alternativo entre sus dos posiciones extremas (P.M.S. punto muerto superior y P.M.I. punto muerto inferior).

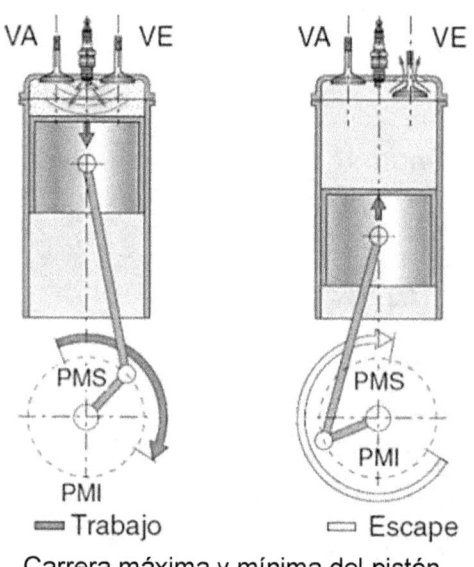

Carrera máxima y mínima del pistón

Los cilindros pueden formar parte del mismo bloque o ser independiente de éstos. Además el bloque está diseñado para:

- Acoplar la bomba de refrigeración.

- Los conductos necesarios para la circulación de la refrigeración y engrase.

- Los apoyos del cigüeñal y el árbol de levas.

- Los acoplamientos del distribuidor de encendido, filtro de aceite y bomba de gasolina.

La bancada o cárter superior

Es la parte inferior del bloque, destinada a contener y sujetar el cigüeñal.

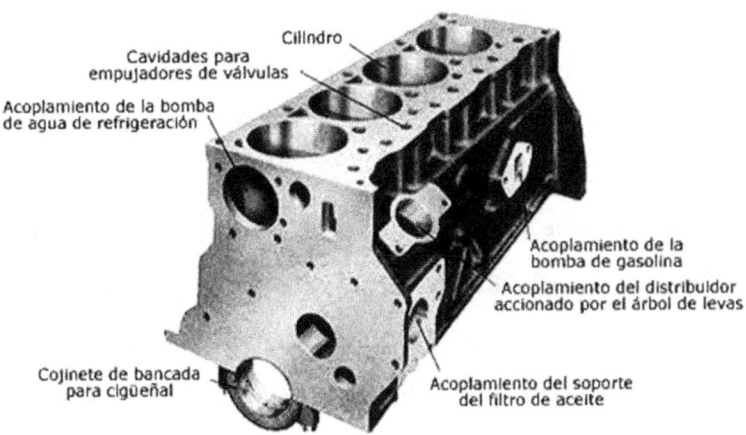

Bloque de motor

Existen tres tipos de bloques según el montaje y sujeción de los cilindros.

Estos son:

Bloque integral

Lo forma una sola pieza, con cámaras para el líquido refrigerante. Los cilindros se obtienen en bruto, pasando después a realizarse una mecanización para conseguir un acabado perfecto. Con este sistema, el cilindro inicial fundido (hierro fundido) es de una medida menor que el cilindro final. En el caso de un desgaste excesivo en las paredes de un cilindro, hay que rectificar todos a una medida superior y sustituir pistones, bulones y segmentos por otros de mayor diámetro para conseguir de nuevo un perfecto ajuste entre pistón y cilindro.

Bloque de camisas secas

En este tipo de bloque, los cilindros van mecanizados igual que en el caso anterior, pero en su interior se alojan, a presión, otros cilindros (acero especial), con las paredes más finas, denominadas camisas, que en este caso no están en contacto con el líquido del sistema de refrigeración, dificultando en parte la refrigeración del cilindro. Su principal ventaja es que al producirse el desgaste de estas camisas se puede colocar otras nuevas de la misma medida que las originales, con lo que se conserva el diámetro original de los pistones.

Bloque de camisas húmedas

El bloque es totalmente hueco y las camisas, no se introducen a presión, sino que se apoyan sobre el bloque formando las cámaras de agua, estando en contacto directo las camisas con el agua. Este bloque es el que mejor refrigeración ofrece, teniendo como inconveniente la dificultad de permanecer ajustadas en su montaje las camisas.

Culata o cabeza de cilindros

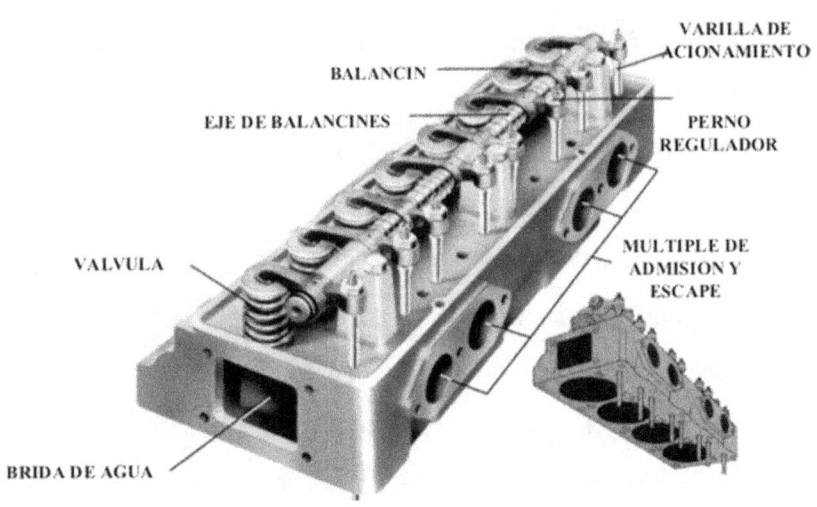

Es la pieza que va montada en la parte superior del bloque, que hace de tapa y cierra a los cilindros, formando la cámara de combustión.

En el interior de la culata hay unas oquedades para que circule el líquido de refrigeración, que están comunicadas y enfrentadas con las cámaras de agua del bloque.

En la parte inferior de la culata, llevan unos huecos que forman las cámaras de combustión. Dentro de éstas, los taladros para alojar las válvulas y sus asientos, la bujía o el inyector, en caso de un motor de inyección.

Lleva orificios para las guías de válvulas y para su fijación con el bloque a través de tornillos o espárragos. También tiene unos conductos para la entrada y salida de gases, el montaje de los colectores (admisión y escape) y otras para el paso de aceite.

Según el tipo de motor de que se trate, existen culatas para motores de cuatro tiempos o para los de dos tiempos.

El material empleado para su fabricación es la fundición o aleación ligera de aluminio. Estas últimas son las más empleadas.

Se clasifican en:

- Culata para motor con válvulas laterales.
- Culata para motor con válvulas en cabeza y árbol de levas lateral.
- Culata para motor con válvulas y árboles de levas en cabeza.
- Culata para motores de dos tiempos.

Culata para motor con válvulas laterales

El bloque lleva los orificios donde se alojan las válvulas de admisión y escape. La culata constituye la tapadera de los cilindros, la cámara de compresión y los orificios para las bujías. Es barata y de fácil construcción. En la actualidad está en desuso.

Culata para motor con válvulas en cabeza y árbol de levas lateral

Llevan las cámaras de refrigeración, los orificios de admisión y escape, orificios para las bujías, así como los practicados para el sistema de accionamiento de las válvulas (balancines y empujadores), y la cámara de combustión.

Culata para motores con válvulas y árboles de levas en cabeza

A los orificios citados en el tipo anterior hay que añadir los soportes del árbol de levas con lo que su fabricación se complica y encarece notablemente. En la actualidad es el tipo más usado debido a que el mando de la distribución se simplifica mucho al agruparse todos los órganos en un espacio muy reducido y eliminarse los empujadores (varillas).

Culata para motores de dos tiempos

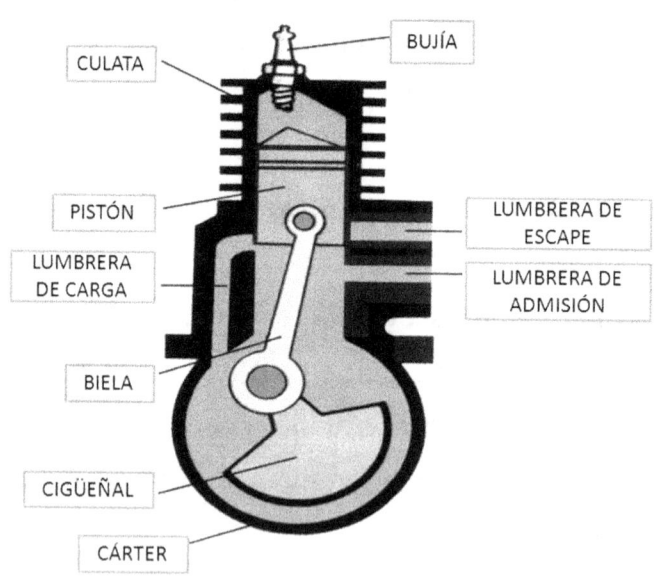

Las culatas para motores de dos tiempos no llevan elementos de distribución, siendo aún más sencillas si la refrigeración es por aire.

Junta de culata

El bloque se cierra por su parte superior con la culata, formando una cámara donde se desarrollará el ciclo de trabajo. Entre ambas superficies se coloca una junta de estanqueidad denominada junta de culata. Su misión es mantener la estanqueidad entre las superficies del bloque y la culata y evitar que los gases que provienen de la combustión entren en las cámaras de refrigeración.

Junta de culata

Además, en caso de deterioro de la junta, el líquido de refrigeración podría pasar al cárter inferior y el aceite a las conducciones de refrigeración, apareciendo aceite en el vaso de expansión. Se fabrica de un material grafitado y adaptable, que es resistente a las altas temperaturas y a las deformaciones. La junta de culata lleva taladrados todos los orificios que llevan la culata y el bloque en sus caras de contacto.

Cárter inferior

Su misión es la de proteger a los órganos mecánicos inferiores.

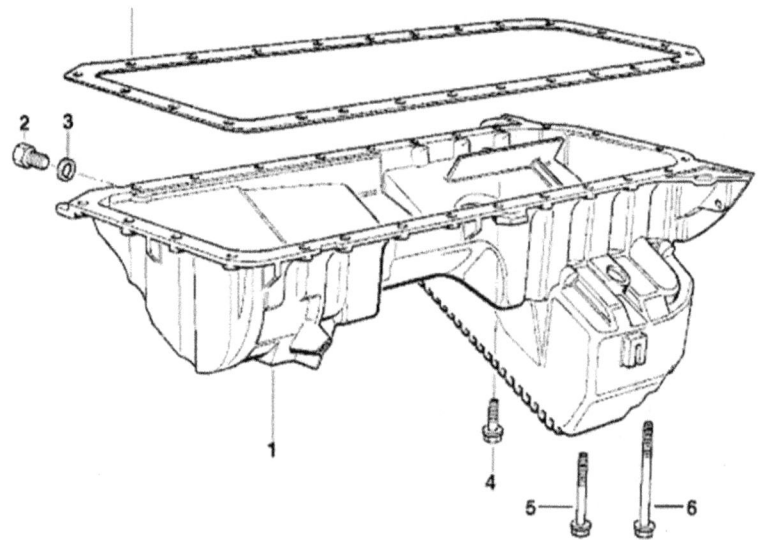

Carter inferior con junta

Sirve de depósito para alojar el aceite del motor una vez que ha recorrido todo el circuito de lubricación y del que, a través de la bomba de engrase que va alojada en su interior, se vuelve a recoger para empezar de nuevo su recorrido. En su interior se colocan uno o varios tabiques para evitar las variaciones bruscas de nivel y la polimerización del aceite (se espesa por su movimiento). A veces posee una serie de aletas en la superficie exterior para aumentar la zona de refrigeración del aceite. En el punto más bajo se encuentra el tapón de vaciado.

Tapa de balancines

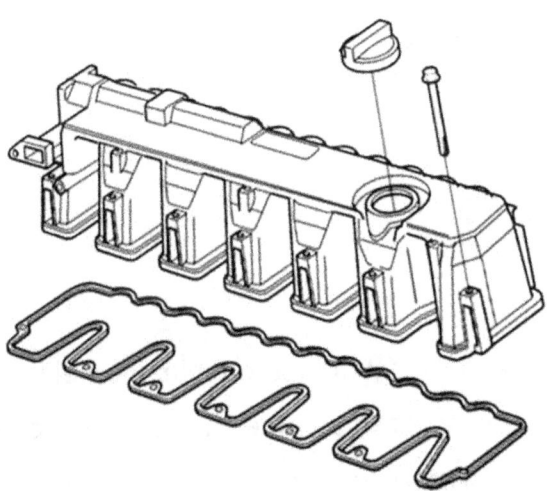

Tapa de balancines con su respectiva junta

Su misión es la de proteger los órganos de la distribución: Árbol de levas, taqués y balancines (mecanismos de apertura de las válvulas), y a su vez evita que se salga el aceite que sirve para su lubricación. También lleva el tapón de llenado de aceite en la parte superior. Va fijada a la culata mediante una junta que evita posibles fugas de aceite. Se fabrica de chapa embutida.

Elementos móviles

Son los encargados de transformar la energía química del carburante en energía mecánica.

Estos elementos son:

- El pistón
- Las bielas
- El cigüeñal

Pistón

Es el elemento móvil que se desplaza en el interior del cilindro. Recibe directamente la fuerza de expansión de los gases durante la combustión, que le obliga a desplazarse con un movimiento lineal alternativo entre sus dos posiciones extremas (PMS - PMI).

Funciones del pistón

- Transmitir a la biela la fuerza producida en el interior del cilindro durante la expansión de los gases.
- Evitar fugas de gases así como el paso de aceite a la cámara de combustión.
- Conducir parte del calor producido en la combustión y transmitirlo a las paredes del cilindro para evacuarlo al sistema de refrigeración.

Descripción del pistón

Tiene forma de vaso invertido y se pueden distinguir dos partes: cabeza y falda. La cabeza lleva unas ranuras o gargantas donde se alojarán los segmentos. El pistón tiene un diámetro ligeramente inferior al del cilindro. La cabeza puede ser plana o con formas especiales para conseguir en parte la turbulencia de aire, como ocurre en los motores diesel.

La falda lleva un taladro pasante, cuya longitud corresponde al diámetro del pistón. En este taladro se introduce el bulón, que servirá para acoplar el pistón y la biela.

Componentes de la cabeza del pistón

Características del pistón

Debido a los esfuerzos que tiene que soportar un pistón (rozamientos laterales y temperaturas), los materiales empleados en su construcción deben reunir las siguientes características:

- Estructura robusta, sobre todo en las zonas de mayor esfuerzo, la cabeza y el bulón.

- Tener el menor peso posible y estar perfectamente equilibrados, para evitar el campaneo, golpeteos laterales y los esfuerzos de inercia.

- Resistente al desgaste, a las altas temperaturas y a los agentes oxidantes o corrosivos.
- Tener gran conductibilidad térmica.

Los pistones se fabrican con aleaciones ligeras. Pueden ser de fundición de hierro, aunque en la actualidad son poco utilizados, porque presentan el problema de una mayor dilatación con respecto a las paredes del cilindro y su mayor peso, que afecta a los esfuerzos de inercia.

Si estos pistones se montan ajustados, al calentarse se agarrotarían a las paredes y el motor se griparía; pero si se montan con mucha holgura, cabecearían en frío. Para evitar esto, se construyen los pistones con la falda de mayor diámetro que la cabeza y se practican en la falda dos ranuras, una horizontal y otra vertical, en algunos tipos de pistones.

La ranura horizontal limita la transmisión de calor de la cabeza a la falda. La vertical, hace que al dilatarse la falda, ésta no se roce con el cilindro.

Otro sistema de fabricar el pistón con la falda ligeramente ovalada y con el diámetro mayor perpendicular al eje del bulón, que es donde se produce el mayor esfuerzo. De esta forma al dilatarse se ajusta perfectamente por igual en toda la superficie del cilindro evitando el cabeceo del pistón.

Segmentos

Son unos anillos de acero elástico situados en las ranuras de la cabeza del pistón. Tiene un corte para facilitar su montaje y una separación para su dilatación. Los segmentos tienen como misión:

- Hacer estanca la cámara de comprensión.
- Transmitir el calor de la cabeza del pistón a la pared del cilindro.
- Evitar el paso de aceite a la cámara de combustión.

Si los segmentos no hicieran una perfecta estanqueidad, debido a un desgaste excesivo, se podría producir:

- Pérdida de potencia.
- Consumo excesivo de aceite.
- Formación de carbonilla en la cámara.
- Provocación de autoencendido, debido a la peor refrigeración de la cámara por la creación de carbonilla.

Según la función que realizan, los segmentos se clasifican en:

- Segmentos de compresión.
- Segmentos de engrase.

Segmentos de compresión

Situados en la parte alta de la cabeza del pistón, tienen como misión asegurar la estanqueidad en el cilindro. Por su posición son los más afectados por las temperaturas y presiones. El primero de ellos (el más cercano a la cabeza del pistón), recibe directamente los efectos de la explosión. Se le conoce con el nombre de segmento de fuego. Los restantes están sometidos a condiciones de trabajo menos severas, son los segmentos de estanqueidad.

El total de segmentos de compresión varía de 2 a 3, dependiendo su número de la relación de compresión del motor.

Segmentos de engrase

Situados debajo de los de compresión. Tiene la misión de recoger, durante el descenso del pistón, el exceso de aceite depositado en la pared del cilindro. A través de los taladros, que posee tanto el segmento de engrase como su alojamiento, el aceite es enviado hacia el interior del pistón, para lubricar el bulón; dicho aceite regresa al cárter inferior por gravedad. Este segmento también es conocido como "rascador" o de limpieza y siempre dejarán una pequeña película de aceite, entre el pistón y el cilindro.

Motores	OM-904	OM-906
1 Anillo Trapezoidal	0.35 a 0.55 mm	0.35 a 0.55 mm
2 Anillo Compresión	0.40 a 0.60 mm	0.40 a 0.60 mm
3 Anillo de aceite	0.25 a 0.50 mm	0.25 a 0.50 mm

Anillo de primera ranura de compresión cromado del tipo Trapezoidal

Anillo de segunda ranura de compresión cromado biselado del tipo ranurado

Anillo de control de aceite de dos piezas

Tabla de medidas de los anillos

Bulón

Es el elemento que sirve de unión entre el pistón y la biela. Su estructura robusta le permite soportar los esfuerzos a los que está sometido el pistón. Tiene forma cilíndrica y vaciado interiormente. Se fabrican con acero tratado y rectificado.

Biela

Es el elemento que sirve de unión entre el pistón y el cigüeñal. Su misión es transformar el movimiento lineal del pistón en movimiento rotativo. Está sometida a grandes esfuerzos, tales como tracción, flexión y compresión. En ella se pueden distinguir tres partes: pie, cuerpo y cabeza.

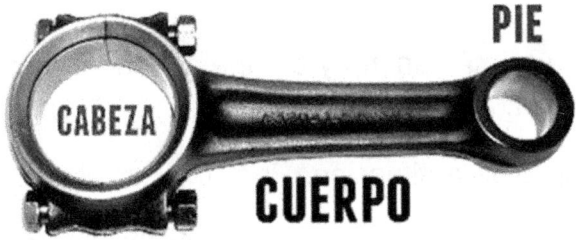

Partes de la biela

Partes que componen la biela

Pie

Es la parte más estrecha de la biela. Se une al pistón a través del bulón.

Entre ambas piezas se coloca generalmente un casquillo antifricción.

El pie tiene un movimiento oscilante.

Cuerpo

Es la parte más larga de la biela, situada entre el pie y la cabeza. Es la zona sometida a los esfuerzos anteriormente citados. A veces posee un taladro pasante en toda su longitud para asegurar la lubricación del bulón, y su sección es en forma de o doble.

Cabeza

Es la parte más ancha y se une al codo o muñequilla del cigüeñal. Entre ambas piezas se intercalan dos semicojinetes antifricción. Para facilitar el montaje en los codos del cigüeñal, la cabeza se divide en dos partes. Una parte llamada semicabeza, que va unida directamente a la biela, y la otra llamada sombrerete, siendo la parte desmontable que se unirá a la semicabeza a través de unos tornillos o pernos.

Golpeteo en las bielas (picado)

Es un ruido metálico.

Se parece al que se obtiene al mover enérgicamente una botella de cristal con perdigones.

Puede ser debido a:

- Que se apure demasiado el motor (alto número de revoluciones).
- Exceso de avance al encendido.
- Detonación.
- Autoencendido.

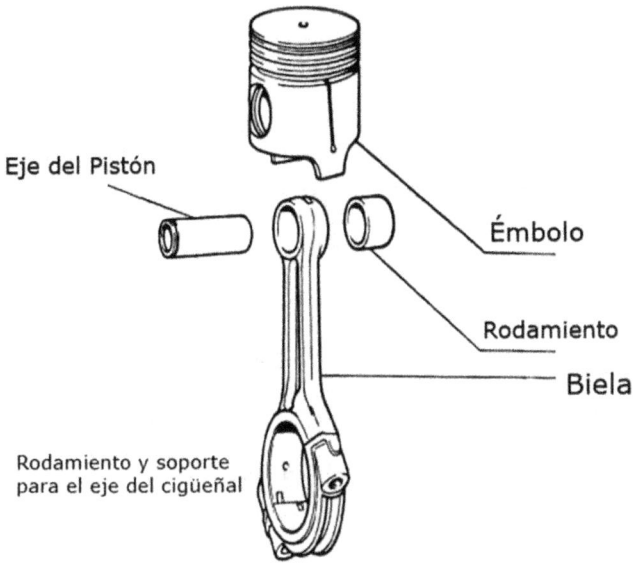

Detalle pistón con biela

Biela fundida

Se debe a una falta de lubricación en la cabeza de biela o apoyos del cigüeñal.

Aparece un golpeteo metálico y alarmante, debido a la fusión del metal antifricción de los semiscasquillos.

Cigüeñal

Es un eje denominado también árbol motor. Su misión es la de convertir el movimiento lineal del pistón, en movimiento giratorio, para transmitirlo posteriormente a las ruedas a través del sistema de transmisión. Es de acero especial y con las superficies de rozamiento pulidas.

Apoyos

Son las partes que sirven de sujeción al cigüeñal en la bancada. Éstos estarán alineados respecto al eje de giro y su número será igual al número de cilindros del motor más uno (motor en línea). Un motor en cuatro cilindros en línea tiene generalmente un cigüeñal con cinco apoyos y se alojan en la bancada.

Codos o muñequilllas

Situados excéntricamente respecto al eje del cigüeñal. Son los lugares sobre los que se montan las cabezas de biela. En los motores en línea el número de codos será igual al número de cilindros. En los motores en "V" será igual a la mitad del número de cilindros, acortando la longitud del motor; en cada codo se montan dos bielas.

Cojinetes o casquillos antifricción

Se sitúan entre las cabezas de biela y los codos (N) y entre los apoyos (M) y la bancada. Están formados por un material antifricción para evitar el desgaste por rozamiento en los lugares de articulación y de giro.

Contrapesos

Son unas masas (X) perfectamente repartidas en relación con el eje de rotación, de forma que el cigüeñal siempre quede equilibrado evitando posibles vibraciones del motor.

Para la lubricación lleva unas canalizaciones que atraviesa toda la longitud del cigüeñal, con puntos de salida en codos y apoyos.

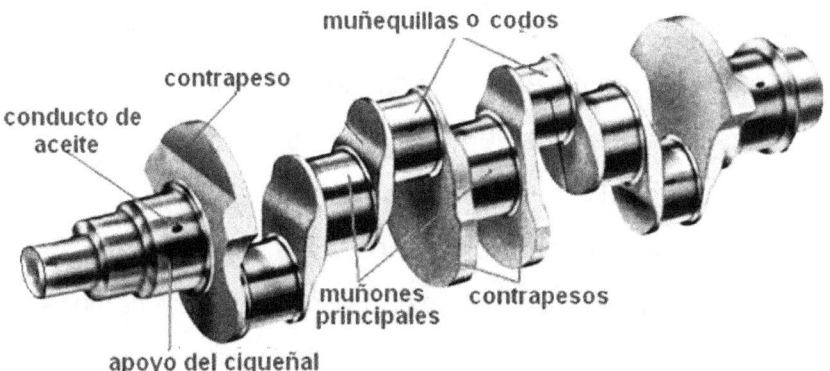

Partes del cigüeñal

El cigüeñal, además, está encargado, en su extremo anterior, de accionar una serie de elementos y sistemas fundamentales:

- El árbol de levas del sistema de distribución.
- La bomba de agua del sistema de refrigeración.
- La bomba de la dirección asistida, si estuviera instalada.
- El depresor, si estuviera instalado.
- El alternador.
- El aire acondicionado, si estuviera instalado.
- El compresor, si estuviera instalado.
- El volante de inercia en su extremo posterior.

Volante de inercia

La misión del volante es la de regularizar el funcionamiento del motor, almacenando la energía obtenida durante el tiempo de combustión y cediendo esta energía en los tiempos pasivos, manteniendo así la regularidad en el giro.

En un motor de cuatro tiempos, sólo existe un tiempo que produce trabajo (explosión) y tres tiempos resistentes, con lo cual el movimiento a transmitir no sería uniforme o regular.

Su forma es circular, pesada, unida mediante tornillos al cigüeñal y situada en un extremo del cigüeñal.

Por su parte exterior, se monta una corona dentada para que engrane el piñón del motor de arranque.

Por un lado se une al cigüeñal y por el otro, se acoplará el embrague.

Cuanto mayor número de cilindros tenga el motor, menor será el tamaño del volante, ya que las explosiones serán menos espaciadas y la torsión y rotación del cigüeñal será más perfecta.

El volante suele disponer de unas marcas o referencias que sirven para el reglaje de la distribución y el encendido.

Dámper o antivibrador

Situado en el extremo opuesto al volante se encuentra el dámper o antivibrador, que se encarga de absorber las vibraciones y oscilaciones del cigüeñal.

Su eficacia se nota, principalmente, cuando se trata de un motor con elevado número de cilindros, o con un cigüeñal excesivamente largo.

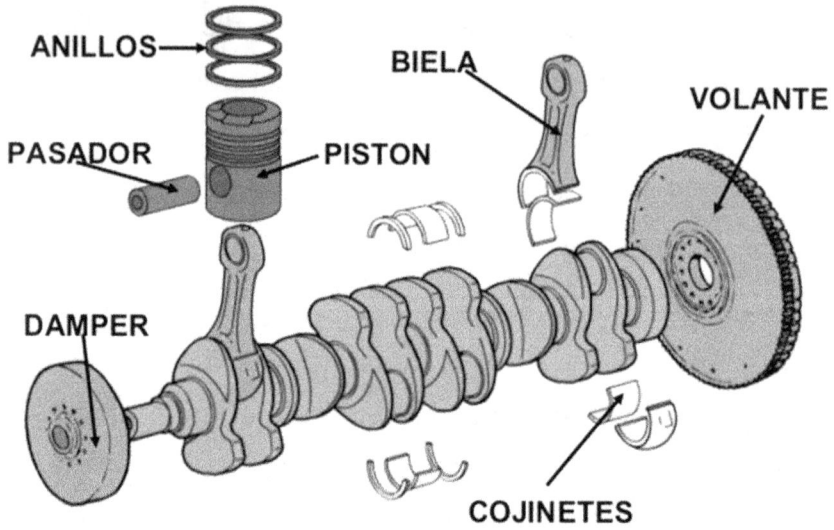

Conjunto Pistón, biela, cigüeñal, volante y damper

Tipos de motor según el número y la disposición de los cilindros

El motor puede alojarse en la parte delantera del vehículo o en la parte trasera; puede ir colocado longitudinal o transversalmente al eje del vehículo.

La disposición relativa de los cilindros, puede ser:

- Motor de cilindros en línea.
- Motor de cilindros en "V".
- Motor de cilindros horizontales opuestos (bóxer).

Motores de cilindros en línea

Los cilindros van colocados unos a continuación de los otros. El número de cilindros más utilizados son los de 4,6 y 8 cilindros.

Los de cuatro cilindros son los más utilizados en los vehículos de serie.

Motores de cilindros en "V"

Los cilindros forman dos bloques colocados en "V", compartiendo el mismo cigüeñal.

El número de codos será igual a la mitad de los cilindros que tenga el motor.

En cada uno de los codos del cigüeñal se articulan dos bielas. Son utilizados para acortar la longitud de los motores que tengan un número elevado de cilindros.

Motores de cilindros opuestos o "bóxer"

Los cilindros se colocan en sentido horizontal en bloques opuestos y son ruidosos, por ser refrigerados por aire generalmente.

Con este montaje se reduce la altura del motor a costa de utilizar más espacio lateral.

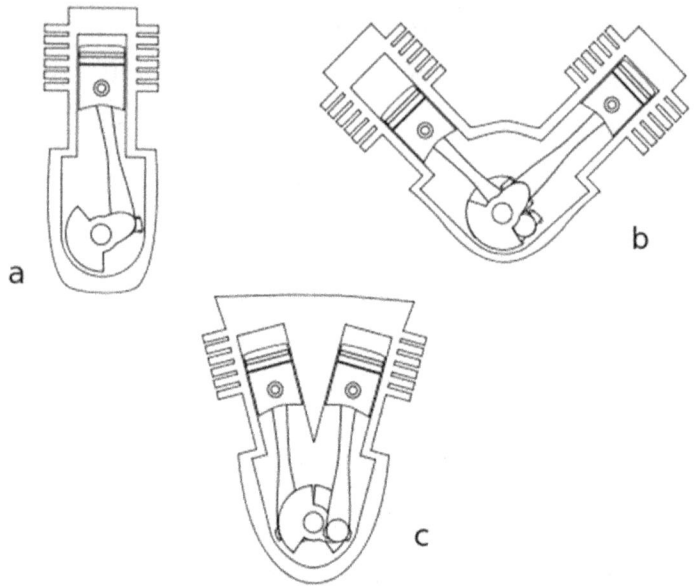

Tipos de motores: a) Cilindro lineal. b) Cilindros en V. c) Cilindros opuestos.

Orden de encendido de un motor

Es el orden en que salta la chispa en las bujías de cada cilindro, o la inyección en los motores diesel.

El orden de encendido en los motores se establece para que los esfuerzos que recibe el cigüeñal en cada explosión se repartan lo más distanciados posible y no se produzcan las explosiones seguidas, una cerca de la otra; consiguiéndose de esta manera una marcha más suave y regular del motor.

El orden de encendido más habitual, según el número de cilindros, se representan en el siguiente cuadro:

Forma constructiva	Número de cilindros	Orden de encendido habitual
Cilindro Lineal	4	1 3 4 2 o 1 2 4 3
	5	1 2 4 5 3
	6	1 5 3 6 2 4 1 2 4 6 5 3 1 4 2 6 3 5 1 4 5 6 3 2
	8	1 6 2 5 8 3 7 4 1 3 6 8 4 2 7 5 1 4 7 3 8 5 2 6 1 3 2 5 8 6 7 4
Cilindros en "V"	4	1 3 2 4
	6	1 2 5 6 4 3 1 4 5 6 2 3
	8	1 6 3 5 4 7 2 8 1 5 4 8 6 3 7 2 1 8 3 6 4 5 2 7
Opuestos	4	1 4 3 2

Mediciones y características de un motor

Diferentes mediciones que encontramos en un motor.

Ellos son:

Carrera

Es la distancia existente entre la P.M.S. y el P.M.I., en milímetros.

Calibre o diámetro

Es el diámetro interior del cilindro. Este dato se expresa en milímetros.

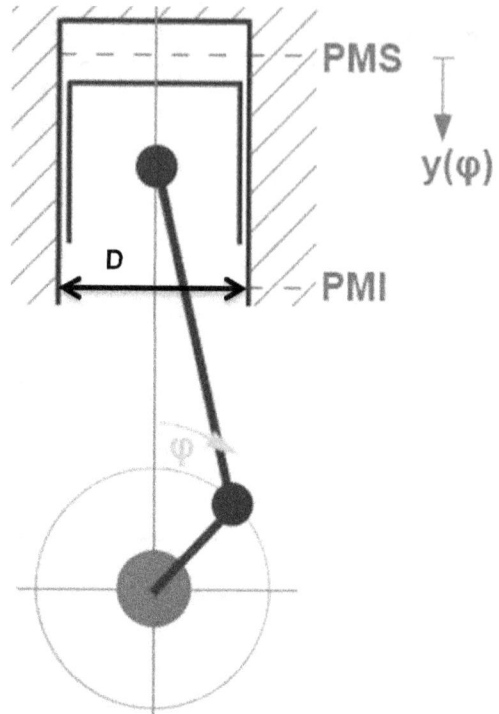

Detalle Carrera de pistón y diámetro D interior

Cilindrada

Es el volumen existente entre el P.M.S. y el P.M.I.

Este dato (cilindrada o volumen) se expresa en centímetros cúbicos o en litros.

Cilindrada es la denominación que se da a la suma del volumen útil de todos los cilindros de un motor alternativo. Es muy usual que se mida en centímetros cúbicos (cm^3) pero los vehículos norteamericanos usaban el sistema inglés de pulgadas cúbicas. (16.4

cc equivalen a una pulgada cúbica. Un motor 250 equivale a 4100 cc.)

La cilindrada se calcula en forma siguiente:

$$V_u = \frac{\pi \cdot d^2}{4} \cdot L$$

Esta es la fórmula de la cilindrada unitaria

El dato obtenido corresponde al volumen de un cilindro. Multiplicando este volumen por el total de cilindros, se obtiene la cilindrada del motor.

$$V_t = V_u \cdot n$$

D = diámetro del cilindro

L = carrera del pistón

n = Número de cilindros

En otras palabras, cilindrada es el volumen geométrico ocupado por el conjunto de pistones desde el punto muerto inferior (PMI) hasta el más alto (PMS), también llamado punto muerto superior.

La cilindrada da una buena medida de la capacidad de trabajo que puede tener un motor.

Relación de compresión

La relación de compresión es un número que indica la cantidad de veces que es mayor el volumen que ocupa la mezcla al final de la admisión (pistón en PMI), respecto al volumen al final de la compresión (pistón en PMS).

Esta definición se resume en la siguiente fórmula:

$$R_c = (V + V_c) / V_c$$

R_c = Relación de compresión

V = Volumen unitario

V_c = Volumen de la cámara de compresión

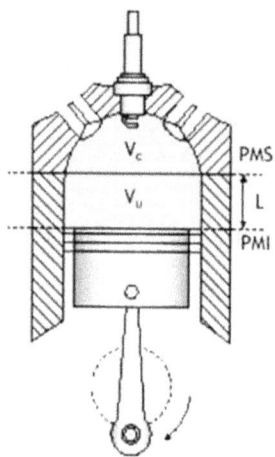

La relación de compresión en los motores de explosión suele ser entre 7-11 a 1, y en los diesel de 18-24 a 1 aproximadamente, siendo el doble en algunos motores diesel con respecto a los de explosión.

Potencia

Es el trabajo que produce un motor en la unidad de tiempo. La potencia se mide en caballos de vapor (CV) o en kilovatios y esta depende de:

- La cilindrada.
- La relación de compresión.
- El número de revoluciones del motor, hasta un límite.
- El llenado de los cilindros o relación volumétrica.

Aunque todos estos factores influyen o determinan la potencia de un motor, el que más influye de ellos es el número de revoluciones, hasta alcanzar las revoluciones de máxima potencia.

Par motor

Es la fuerza que se aplica en la biela y ésta sobre el codo del cigüeñal. El par motor aumenta; hasta alcanzar su máximo valor a la mitad de las revoluciones, aproximadamente que da la máxima potencia. A partir de este punto, si las revoluciones siguen aumentando, el par motor disminuiría por disminuir el llenado de los cilindros.

El grado de llenado de los cilindros varía según el número de revoluciones del motor.

Así el llenado de cilindros empieza a disminuir cuando se supera la mitad de las revoluciones máximas del motor, debido al poco tiempo de apertura de las válvulas.

El mejor llenado de cilindros se consigue aproximadamente a la mitad de las revoluciones que da la máxima potencia, consiguiéndose el máximo par motor.

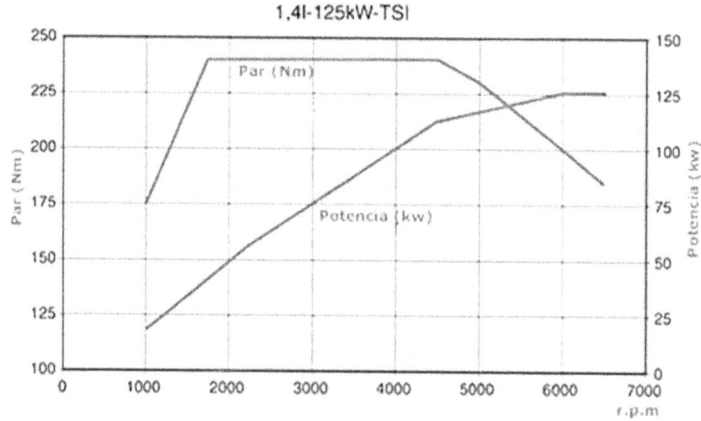

En la figura se representa la curva de potencia y la del par motor en función de las revoluciones por minuto.

Relación carrera-calibre

Según la relación existente entre la carrera y el calibre, los motores pueden ser:

- Motores cuadrados: la carrera y el calibre son iguales.

- Motores alargados: la carrera es mayor que el calibre.

- Motores supercuadrados o "chatos": la carrera es menor que el calibre.

Relación volumétrica

Es la relación entre el volumen de llenado del cilindro en un momento determinado (volumen real de gases que han entrado en el cilindro en el tiempo de admisión) V_1 y el volumen teórico total cuando el pistón está en el P.M.I. (V_2).

$$R_v = V_1 / V_2$$

Se expresa en tanto por ciento.

El Motor de explosión

El motor de cuatro tiempos

El motor de cuatro tiempos es un motor que transforma la energía química de un combustible en energía calorífica, que a su vez proporciona la energía mecánica necesaria para mover el vehículo.

Esta transformación se realiza en el interior del cilindro, quemando el combustible debidamente dosificado y preparado.

Estos motores reciben el nombre de motores de combustión.

Para conseguir esta transformación de la energía, se deben realizar cuatro operaciones distintas y de forma escalonada.

Cada una de estas operaciones se realiza en una carrera del pistón (desplazamiento desde el P.M.S. al P.M.I) llamado tiempo y como son cuatro tiempos los necesarios para realizar el ciclo completo, el cigüeñal dará dos vueltas completas, pues téngase en cuenta que cada carrera corresponde a media vuelta en el cigüeñal (180° de giro).

Ciclo teórico del motor de explosión

Para estudiar el ciclo teórico, lo haremos atendiendo a los siguientes puntos:

- Desplazamiento o recorrido del pistón.
- Posición de las válvulas.
- Finalidad del tiempo.
- Aperturas y cierres de las válvulas que se realizan en los puntos muertos de este ciclo.

El ciclo teórico se realiza en cuatro tiempos:

- Admisión
- Compresión
- Explosión
- Escape

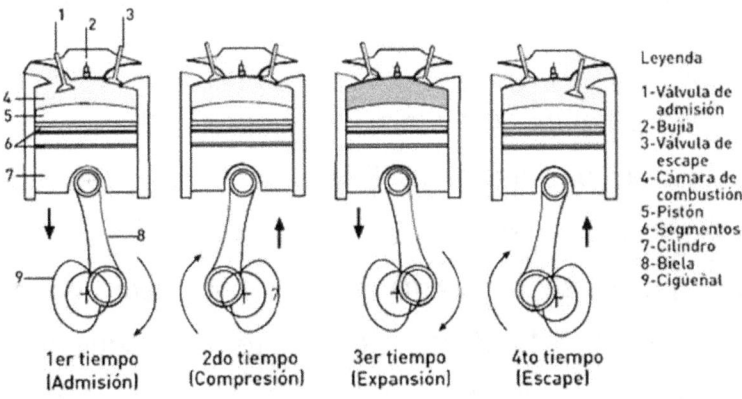

Ciclo de 4 tiempos

Primer tiempo: Admisión

El pistón desciende desde el P.M.S. al P.M.I. La válvula de admisión se mantiene abierta y la de escape cerrada.

Se crea en el cilindro un vacío o aspiración, que permite que se llene de mezcla de aire y gasolina en forma de gas.

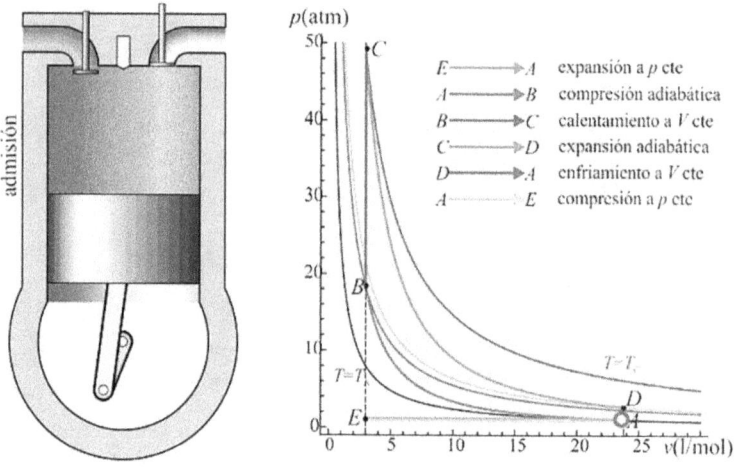

Segundo tiempo: Compresión

El pistón asciende del P.M.I. al P.M.S. Las dos válvulas están cerradas.

Los gases se comprimen hasta dejar reducido su volumen al de la cámara de compresión, adquiriendo una presión y una temperatura ideal para producir la explosión.

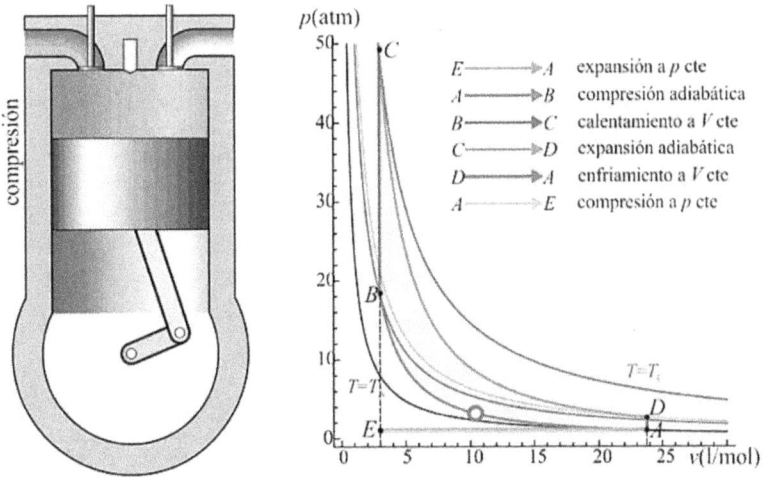

Tercer tiempo: Explosión

Salta una chispa en la bujía, se inflaman los gases y aparece un considerable aumento de presión, recibiendo el pistón un gran esfuerzo que le hace descender enérgicamente desde el P.M.S. al P.M.I.

Las válvulas, durante este tiempo, se han mantenido cerradas.

A este tiempo se le llama tiempo motor o de trabajo, pues en él se consigue la fuerza que realmente moverá al vehículo.

En el momento de quemarse, la presión de los gases alcanza y supera los 45 Kg/cm2. La temperatura de estos gases puede superar los 950° C.

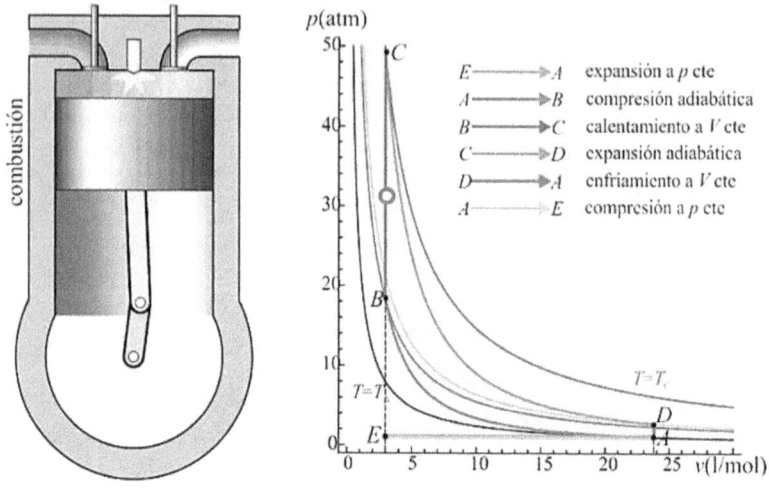

Cuarto tiempo: Escape

El pistón asciende desde el P.M.I. al P.M.S. La válvula de escape se abre y la admisión se mantiene cerrada.

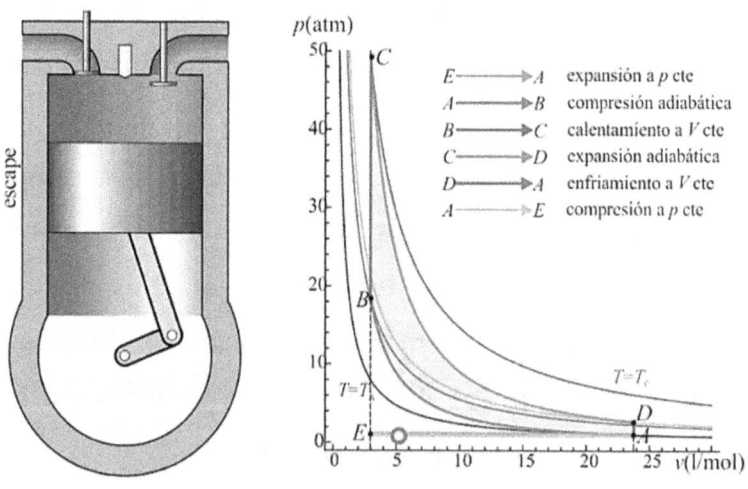

Durante este tiempo se produce la expulsión de los gases quemados en la explosión, dejando libre el cilindro para la admisión de una nueva cantidad de mezcla.

Ciclo práctico

El ciclo de cuatro tiempos descrito anteriormente, llamado teórico, en la práctica no se realiza exactamente como se ha indicado, en cuanto a los momentos de apertura y cierre de las válvulas, existiendo en la realidad un desfase con respecto a los momentos en que el pistón alcanza los puntos muertos. Con este desfase se consigue no solamente un mejor llenado del cilindro y mejor vaciado de los gases quemados, sino que se mejora la potencia y el rendimiento del motor.

El ciclo del motor de cuatro tiempos, en el que la apertura y cierre de las válvulas no coincide con los puntos muertos del pistón, se denomina "Ciclo Práctico" o reglado.

Vamos a ver en qué momento se abren y cierran, en el ciclo práctico, las válvulas de admisión y escape en relación con el momento en que el pistón se encuentra en sus puntos muertos.

Válvula de admisión

En el ciclo teórico se abría en el momento en que el pistón iniciaba, durante el primer tiempo, su descenso desde el P.M.S. al P.M.I.

En el práctico, lo hace un momento antes de alcanzar el P.M.S; existe pues un avance de apertura a la admisión (A.A.A) para aprovechar la inercia que tienen los gases en el colector de admisión y que son aspirados en el cilindro más próximo y que se lanzarán hacia el cilindro interesado.

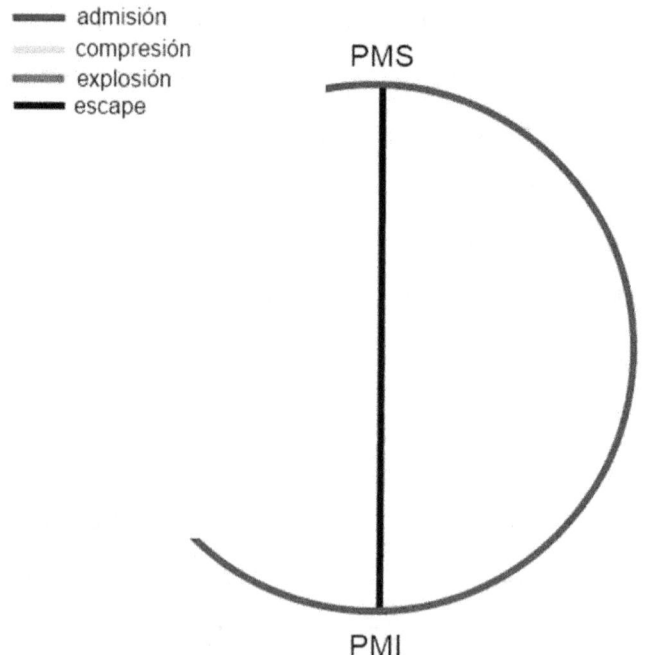

En cuanto a su cierre, ocurre lo contrario; se retrasa. El cierre se produce cuando el pistón ya ha iniciado la compresión (segundo tiempo); pasado el P.M.I. existe un retraso al cierre de la admisión (R.C.A). Con ello se consigue aumentar el llenado, aprovechando la inercia de los gases.

Válvula de escape

Los desfases de su apertura y cierre, con respecto a los puntos muertos del pistón, son aproximadamente iguales que en las válvulas de admisión.

La apertura de la válvula de escape se produce un momento antes de alcanzar el pistón el P.M.I. después de la explosión, (tercer tiempo); por lo que existe un avance a su apertura (A.A.E). Se consigue obtener más rápidamente el equilibrio entre presiones exterior e interior del cilindro.

Evita la contra-presión en la subida del pistón.

El cierre se produce un momento después de pasar el pistón por el P.M.S, ya iniciada la admisión (primer tiempo) del ciclo siguiente. Existe pues un retraso en su cierre (R.C.E). Se consigue eliminar completamente los gases quemados, aprovechando así mismo la inercia de los gases en su salida.

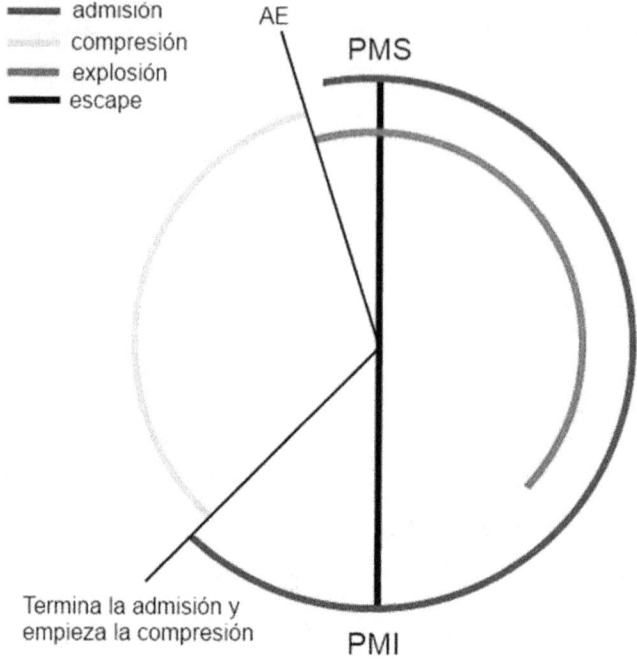

Cruce de válvulas o solapo

Como la válvula de admisión se abre antes y la de escape se cierra después del P.M.S. debido al A.A.A y al R.C.E, resulta que ambas válvulas están abiertas a la vez durante un cierto tiempo o giro cigüeñal, llamado cruce de válvula o solapo.

Los gases quemados a su salida por el conducto de escape y debido a la inercia que llevan, ayudan a entrar a los gases frescos y no se mezclarán debido a que las densidades de los gases frescos y la de los gases quemados son diferentes.

Un motor revolucionado tendrá más ángulo de solapo que otro menos revolucionado.

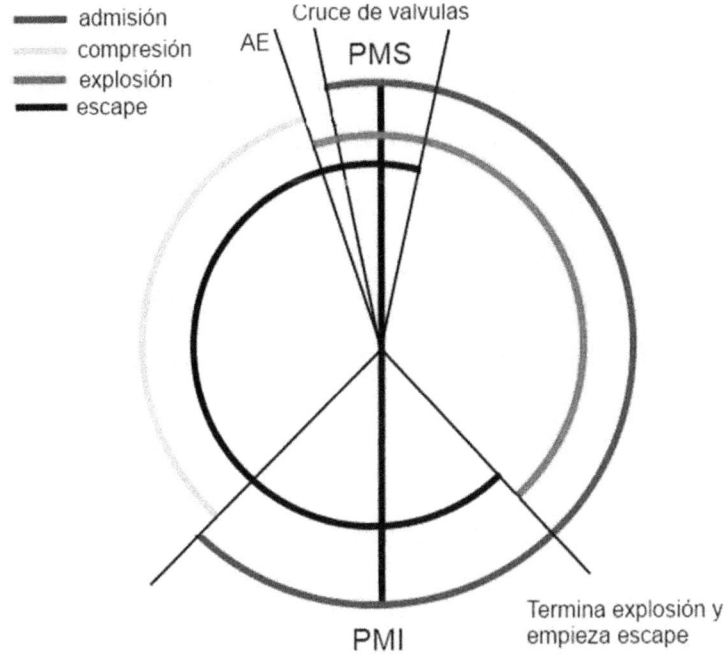

Momento de inflamación de la mezcla (A.E)

También existe un avance al encendido (A.E) o a la inyección en los diesel. Esta cota de avance al encendido, indica los grados que le faltan al volante en su giro, para que el pistón llegue al P.M.S y salte la chispa en la bujía teniendo en cuenta la duración de la combustión. La combustión se realiza de una forma progresiva, ya que la mezcla arde por capas en los motores de explosión y por otra parte, existe un retardo a la ignición de la combustión en los motores Diesel. El valor de este ángulo, dependerá de las revoluciones de cada motor y en cada momento. Estos ángulos de reglaje son fijados por el fabricante para conseguir el máximo rendimiento.

Estos desfases en la apertura y cierre de las válvulas de admisión y escape, en relación con los puntos muertos del pistón, se conocen con el nombre de "Cotas de Reglaje", que son fijadas por los fabricantes para cada tipo de motor.

En la figura anterior, se representa el diagrama de distribución con cotas de reglaje.

Motor de dos tiempos

En los motores de dos tiempos, el ciclo completo se realiza en dos carreras del pistón, correspondientes a una vuelta del cigüeñal.

El motor dispone generalmente de lumbreras, aunque puede tener válvulas.

Estos motores carecen de sistema de distribución.

El engrase se realiza por mezcla de gasolina y aceite en la proporción de un cinco por ciento, aproximadamente.

La refrigeración es por aire sobre todo en los motores de pequeña cilindrada, aunque también la puede ser por líquido.

Los principales inconvenientes de estos motores son:

- Menos rendimiento térmico. Menos potencia en igualdad de cilindrada.
- Lubricación y refrigeración irregular.
- Más ruidos.
- Más posibilidad de gripaje.
- Mayor consumo específico.
- Fácil creación de carbonilla.

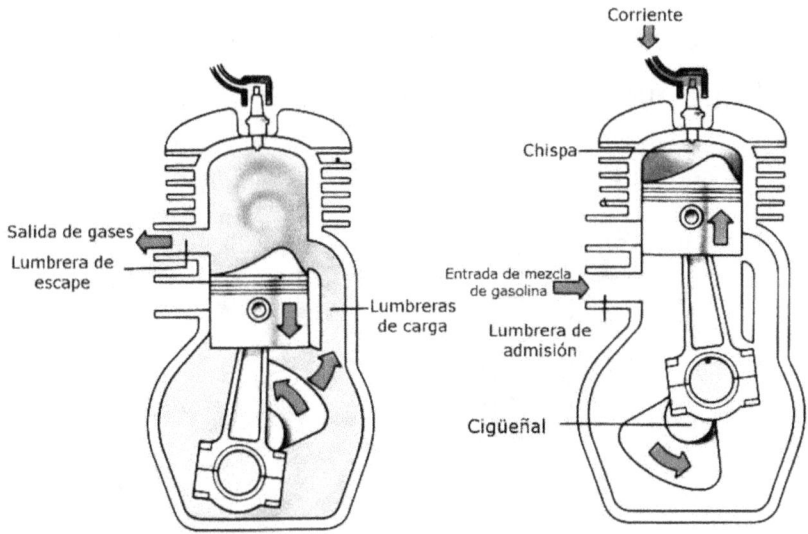

Detalle motor de 2 tiempos

Motor rotativo Wankel

En la actualidad todos los motores rotativos que se emplean en los automóviles son del tipo Wankel, nombre de su inventor alemán.

La gran ventaja que tiene el motor rotativo es que sus piezas no tienen movimientos alternativos, sino que giran. Tiene menos peso, menos piezas móviles y es más compacto.

No lleva sistema de distribución, la admisión y el escape de gases se consigue tapando y destapando lumbreras.

El sistema de refrigeración es por líquido, activado por una bomba. El sistema de lubricación es por mezcla, al igual que el motor de dos tiempos.

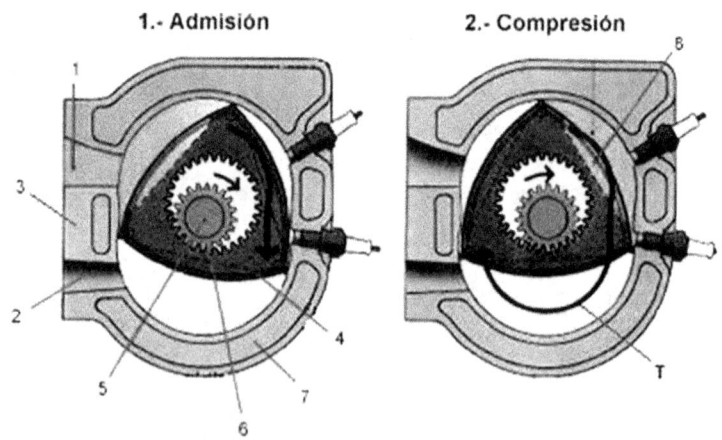

Ciclo de funcionamiento del motor rotativo wankel

3.- Explosión   4.- Escape

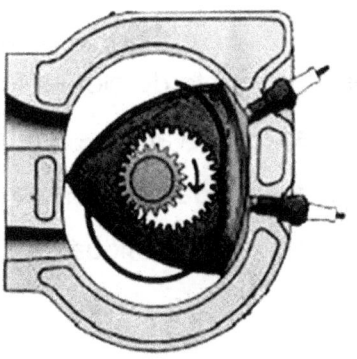 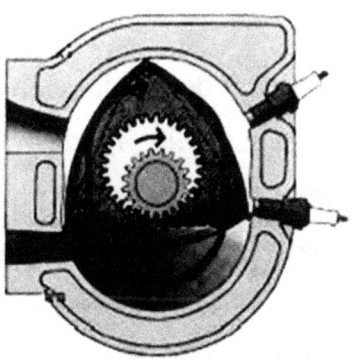

1 - Lumbrera de admisión
2 - Lumbrera de escape
3 - Carcasa-cilindro (estator)
4 - Rotor
5 - Eje del motor
6 - Piñon fijo
7 - Cámaras de agua
8 - Vaciado del rotor (cámara de combustión)
T.- Trayecto recorrido por el vertice del rotor

Detalle de los 4 tiempos del motor Wankel

Carcasa de aluminio

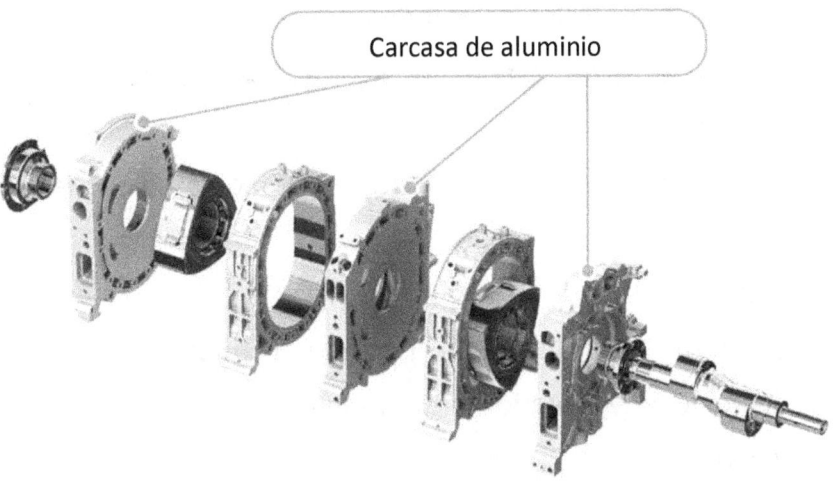

Despiece motor rotativo

El sistema de distribución

El sistema de distribución es el conjunto de elementos que regulan la apertura y cierre de válvulas en el momento oportuno y a su vez la entrada de la mezcla, (gases frescos) y la salida de los gases residuales de los cilindros, en el momento adecuado después de producirse la explosión.

Del momento en el cual se realice la apertura y cierre de las válvulas de admisión y escape, así será el correcto funcionamiento del motor (avance y retraso a la apertura y cierre de las válvulas correspondientes).

Diferentes tipos de cámaras de compresión

Las cámaras de compresión se clasifican por su forma geométrica.

La forma de las cámaras de compresión es fundamental en el rendimiento y en la potencia del motor.

La forma de la cámara viene impuesta por la disposición y tamaño, tanto de las bujías como de las válvulas.

Tipos de cámara de compresión más utilizadas

Cámara cilíndrica

Es muy utilizada, por su sencillez en el diseño, y el buen funcionamiento producido por la proximidad de la chispa al punto de máximo aprovechamiento. Son económicas.

Cámara hemisférica

Por su simetría, acorta la distancia que debe recorrer la llama desde la bujía hasta la cabeza del pistón, consiguiéndose una buena combustión.

Es la más próxima a la forma ideal.

Permite montar válvulas de grandes dimensiones así como, un mejor llenado de los cilindros.

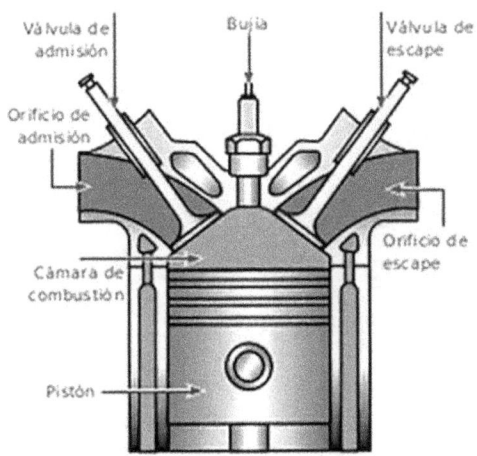

Cámara hemisférica

Cámara de bañera y en cuña

Se fabrican generalmente con válvulas en la culata y la bujía se sitúa lateralmente. Tienen la ventaja de que el recorrido de la chispa es muy corto y reduce el exceso de turbulencia del gas. Produce, a la entrada de los gases, un soplado sobre la cabeza del émbolo que reduce el picado de bielas.

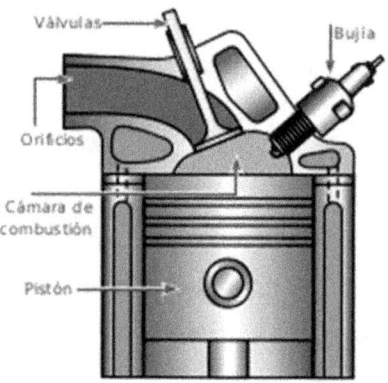

Cámara de bañera

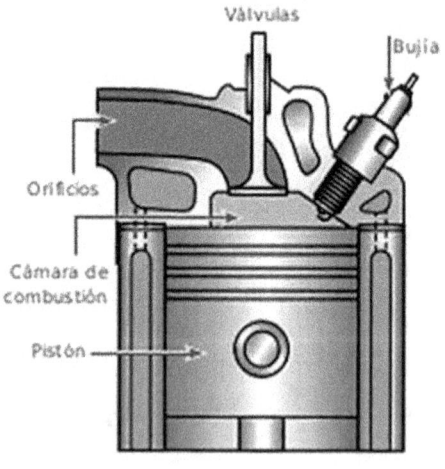

Cámara de cuña

Elementos del sistema de distribución

Los elementos principales de la distribución son: árbol de levas, engranaje de mando, y las válvulas con sus muelles.

Se clasifican, de acuerdo con su función en:

Elementos interiores

- Válvula de admisión
- Válvulas de escape

Elementos exteriores

- Árbol de levas.
- Elementos de mando.
- Taqués.
- Balancines

- *Elementos interiores*

Estos elementos son:

- Válvulas de admisión
- Válvulas de escape

Válvulas

Son las encargadas de abrir o cerrar los orificios de entrada de mezcla o salida de gases quemados en los cilindros. En cada válvula, se distinguen dos partes: cabeza y pie. La cabeza, que tiene forma de seta, es la que actúa como verdadera válvula, pues es la que cierra o abre los orificios de admisión o escape. El pie o vástago, (prolongación de la cabeza) es la que, deslizándose dentro de una guía, recibirá en su extremo opuesto a la cabeza el impulso para abrir la válvula.

Las válvulas se refrigeran por la guías, principalmente, y por la cabeza.

Las válvulas que más se deterioran son las de escape, debido a las altas temperaturas que tienen que soportar 1000º C.

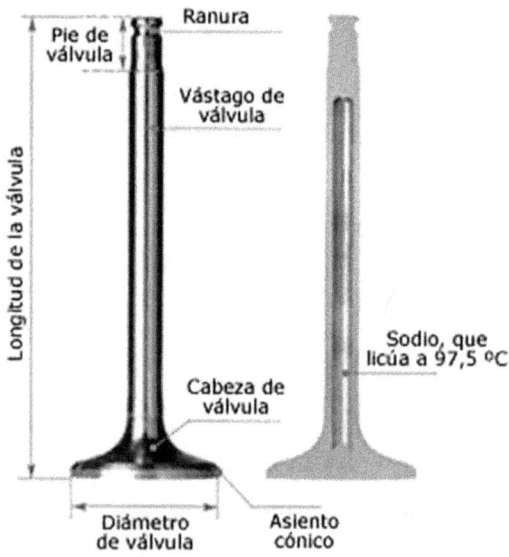

Esquema de una válvula de escape refrigerada por sodio

Algunas válvulas, sobre todo las de escape, se refrigeran interiormente con sodio.

Debe tener una buena resistencia a la fatiga y al desgaste (choques).

Debe presentar igualmente una buena conductividad térmica (el calor dilata las válvulas) y buenas propiedades de deslizamiento.

La cabeza o tulipa de admisión es de mayor diámetro que la de escape, para facilitar el llenado.

Muelles

Las válvulas se mantienen cerradas sobre sus asientos por la acción de un resorte (muelle).

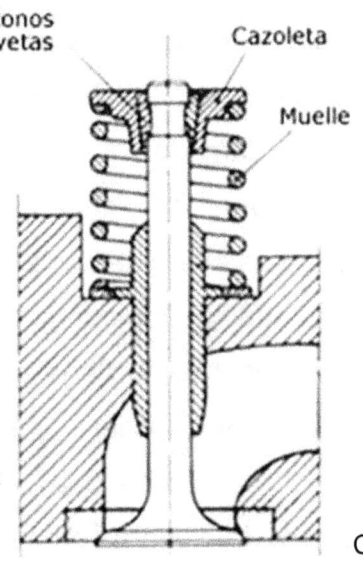

Corte muelle y válvula

Los muelles deben tener la suficiente fuerza y elasticidad para evitar rebotes y mantener el contacto con los elementos de mando.

- Debe asegurar la misión de la válvula y mantenerla plana sobre su asiento.
- El número de muelles puede ser simple o doble.

Guías de válvula

Debido a las altas velocidades, el sistema de distribución es accionado muchas veces en cortos periodos de tiempo. Para evitar un desgaste prematuro de los orificios practicados en la culata por donde se mueven los vástagos de las válvulas y puesto que se emplean aleaciones ligeras en la fabricación de la culata, se dotan a dichos orificios de unos casquillos de guiado, llamados guías de válvula, resistentes al desgaste y se montan, generalmente, a presión en la culata. Las guías permiten que la válvula quede bien centrada y guiada. La guía de válvula debe permitir un buen deslizamiento de la cola de la válvula, sin rozamiento. Si existiera demasiada holgura entre la guía y el cuerpo de una válvula de admisión, entraría aceite en la cámara de compresión, debido a la succión del pistón, produciendo un exceso de carbonilla en dicha cámara, y si fuera en una válvula de escape, el aceite se expulsará por el tubo de escape.

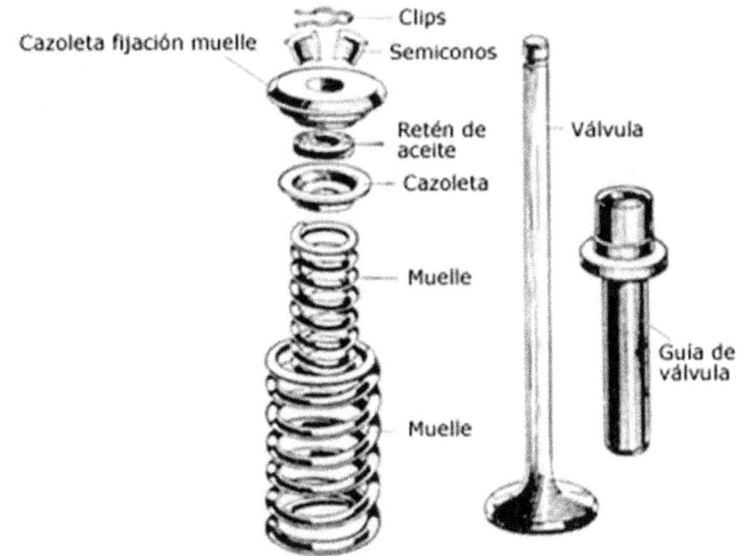

Componentes de la válvula

Asientos de válvulas

Son unos arillos postizos colocados a presión sobre la culata para evitar el deterioro de ésta, por el contacto con un material duro como el de la válvula, su golpeteo, y a la corrosión debido a los gases quemados.

El montaje de los asientos se hace a presión mediante un ajuste (frío-calor), y cuando estén deteriorados se pueden sustituir.

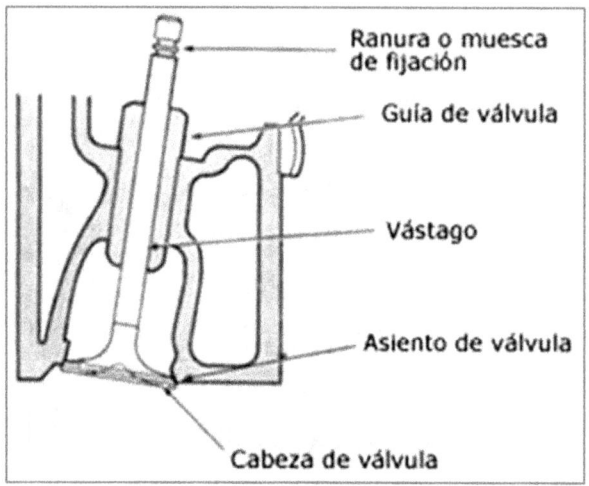

Detalle asiento de válvula

■ *Elementos exteriores*

Son el conjunto de mecanismos que sirven de mando entre el cigüeñal y las válvulas.

Estos elementos son:

- Árbol de levas
- Elementos de mando
- Empujadores o taqués
- Balancines

Según el sistema empleado, los motores a veces carecen de algunos de estos elementos.

Árbol de levas

Es un eje que controla la apertura de las válvulas y permite su cierre. Tiene distribuidas a lo largo del mismo una serie de levas, en número igual al número de válvulas que tenga el motor.

El árbol de levas o árbol de la distribución, recibe el movimiento del cigüeñal a través de un sistema de engranajes. La velocidad de giro del árbol de levas ha de ser menor, concretamente la mitad que la del cigüeñal, de manera que por cada dos vueltas al cigüeñal (ciclo completo) el árbol de levas dé una sola vuelta. Así, el engranaje del árbol de levas, tiene un número de dientes doble que el del cigüeñal.

El árbol de levas lleva otro engranaje, que sirve para hacer funcionar por la parte inferior a la bomba de engrase, y por la parte superior al eje del distribuidor. Además tiene una excéntrica para la bomba de combustible en muchos casos.

Según los tipos de motores y sus utilizaciones, las levas tienen formas y colocaciones diferentes.

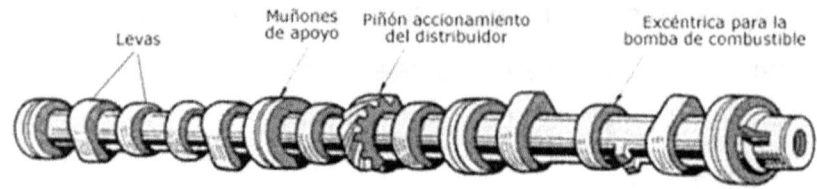

Levas   Muñones de apoyo   Piñón accionamiento del distribuidor   Excéntrica para la bomba de combustible

Arbol de levas

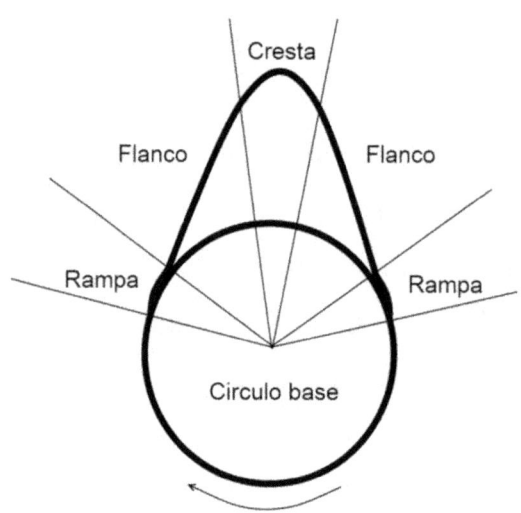

Cresta

Flanco   Flanco

Rampa   Rampa

Circulo base

Vista lateral de la leva

Elementos de mando

El sistema de mando está constituido por un piñón del cigüeñal, colocado en el extremo opuesto al volante motor y por otro piñón que lleva el árbol de levas en uno de sus extremos, que gira solidario con aquél. En los motores diesel se aprovecha el engranaje de mando para dar movimiento, generalmente, a la bomba inyectora. El acoplamiento entre ambos piñones se puede realizar por alguno de los tres sistemas siguientes:

Transmisión por ruedas dentadas
Cuando el cigüeñal y el árbol de levas se encuentran muy separados, de manera que no es posible unirlos de forma directa, se puede emplear un mecanismo consistente en una serie de ruedas dentadas en toma constante entre sí para transmitir el movimiento.

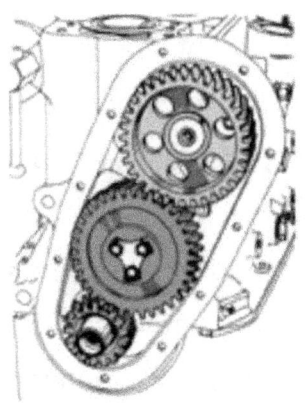

Los dientes de los piñones pueden ser rectos, éstos son ruidosos y de corta duración o en ángulo helicoidales bañados en aceite en un cárter o tapa de distribución, siendo éstos de una mayor duración. En el caso de dos ruedas dentadas, el cigüeñal y el árbol de levas giran en sentido contrario y, si son tres, giran el cigüeñal y árbol de levas en el mismo sentido.

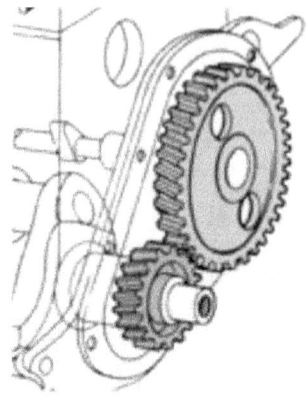

Transmisión por cadena

Igual que en el caso anterior, este método se utiliza cuando el cigüeñal y el árbol de levas están muy distanciados. Aquí se enlazan ambos engranajes mediante una cadena.

Para que el ajuste de la cadena sea siempre el correcto, dispone de un tensor consistente en un piñón o un patín pequeño, generalmente de fibra, situado a mitad del recorrido y conectado a un muelle, que mantiene la tensión requerida.

En este sistema se disminuye el desgaste y los ruidos al no estar en contacto los dientes. Es poco ruidoso.

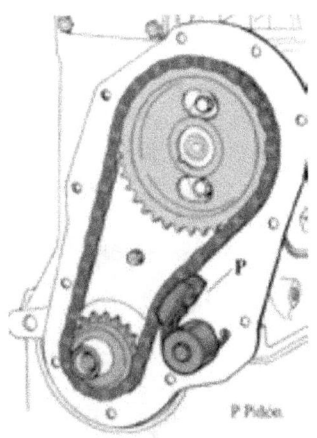

Transmisión por correa dentada

El principio es el mismo que el del mando por cadena, sólo que en este caso se utiliza una correa dentada de neopreno que ofrece como ventaja un engranaje más silencioso, menor peso y un coste más reducido, lo que hace más económico su sustitución. Es el sistema más utilizado actualmente, aunque la vida de la correa dentada es mucho menor que el de los otros sistemas. Si se rompiese ésta, el motor sufriría grandes consecuencias. Estos piñones se encuentran fuera del motor, por lo que es un sistema que no necesita engrase, pero sí la verificación del estado y tensado de la correa. En la figura, indica los tornillos para el tensado de la correa.

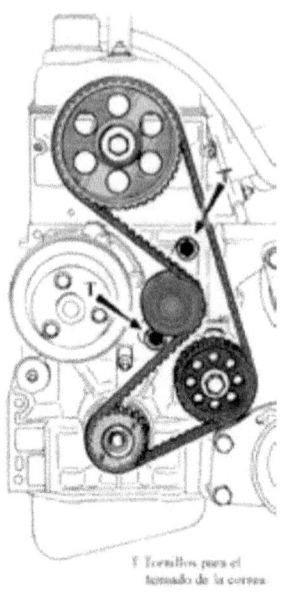

Taqués

Son elementos que se interponen entre la leva y el elemento que estas accionan. Su misión es aumentar la superficie de contacto entre estos elementos y la leva. Los taqués, han de ser muy duros para soportar el empuje de las levas y vencer la resistencia de los muelles de las válvulas. Para alargar la vida útil de los taqués, se les posiciona de tal manera, que durante su funcionamiento realicen un movimiento de rotación sobre su eje geométrico. Los taqués siempre están engrasados por su proximidad al árbol de levas. La ligereza es una cualidad necesaria para reducir los efectos de inercia.

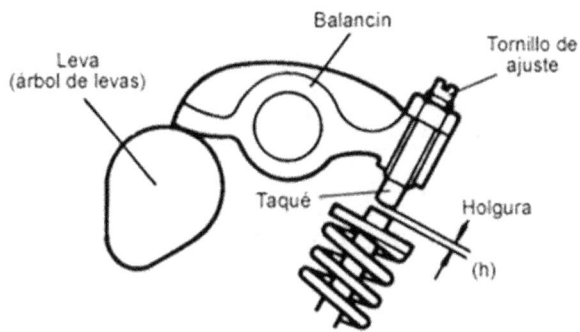

Detalle ubicación del Taqué

Taqués hidráulicos

Los taqués hidráulicos funcionan en un baño de aceite y son abastecidos de lubricante del circuito del sistema de engrase del motor. Los empujadores o taqués se ajustan automáticamente para adaptarse a las variaciones en la longitud del vástago de las válvulas a diferentes temperaturas. Carecen de reglaje. Las ventajas más importantes de este sistema son su silencioso funcionamiento y su gran fiabilidad.

Varilla empujadora

No existen en los motores que llevan árbol de levas en cabeza. Las varillas van colocadas entre los balancines y los taqués. Tienen la misión de transmitir a los balancines el movimiento originado por las levas.

Las varillas empujadoras

Son macizas o huecas, en acero o aleación ligera.

Sus dimensiones se reducen al máximo para que tengan una débil inercia y al mismo tiempo una buena resistencia a las deformaciones. El lado del taqué tiene forma esférica. El lado del balancín tiene una forma cóncava que permite recibir el tornillo de reglaje.

Balancines

Son unas palancas que oscilan alrededor de un eje (eje de balancines), que se encuentra colocado entre las válvulas y las varillas de los balancines (o bien entre las válvulas y las levas, en el caso de un árbol de levas en cabeza). Los balancines son de acero. Oscilan alrededor de un eje hueco en cuyo interior circula aceite a presión. Este eje va taladrado para permitir la lubricación del balancín. La misión de los balancines es la de mandar la apertura y el cierre de la válvula.

Se distinguen dos tipos de balancines
- Balancines oscilantes
- Balancines basculante

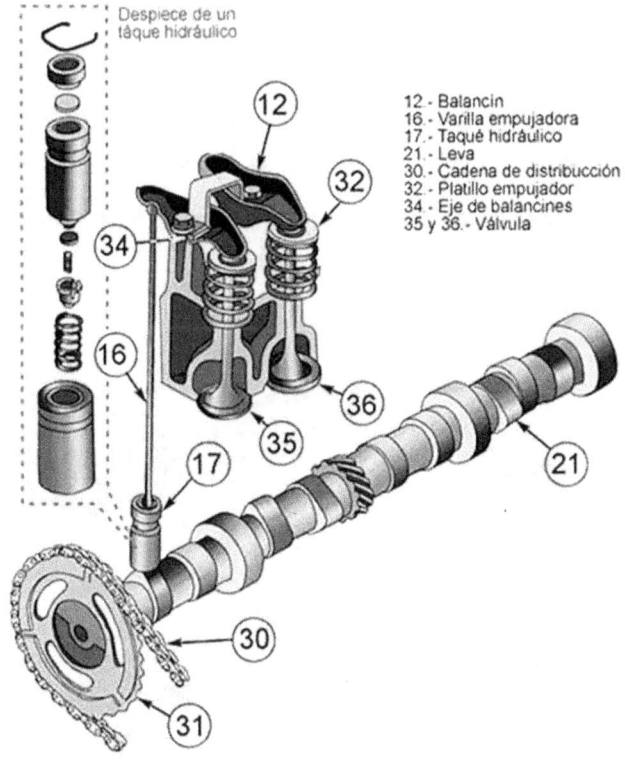

12.- Balancín
16.- Varilla empujadora
17.- Taqué hidráulico
21.- Leva
30.- Cadena de distribucción
32.- Platillo empujador
34.- Eje de balancines
35 y 36.- Válvula

Esquema con Taqué hidráulico, Varilla empujadora y Balancines

Balancines oscilantes

Lo utilizan los motores con árbol de levas en cabeza. El eje de giro pasa por un extremo del balancín. Se le conoce también con el nombre de "semibalancín". Recibe el movimiento directo del árbol de levas y lo transmite al vástago de la válvula a través de su extremo libre.

Balancines basculantes

Lo utilizan los motores con árbol de levas laterales.

Las válvulas van en cabeza. El eje de giro pasa por el centro del balancín. Uno de sus extremos recibe el movimiento de la varilla empujadora y lo transmite al vástago de la válvula por el otro extremo.

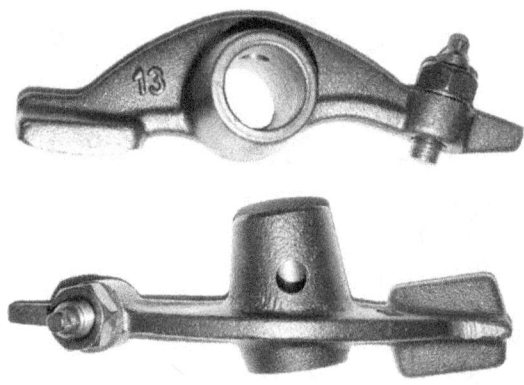

Balancín

Sistemas de distribución

Se clasifican según el emplazamiento del árbol de levas:

- Árbol de levas en bloque o lateral.
- Árbol de levas en la culata o cabeza.

Las válvulas generalmente, van colocadas en la culata. En algunos motores se utilizan válvulas laterales (sistema SV), pero está en desuso.

Árbol de levas en el bloque (sistema OHV)

Es un sistema muy utilizado en motores diesel de medianas y grandes cilindradas. En los turismos, debido a las revoluciones que alcanzan estos motores cada vez se emplean menos. Esto es como consecuencia de las fuerzas de inercia creadas en los elementos que tienen movimientos alternativos.

Funcionamiento

El cigüeñal le da movimiento al árbol de levas y éste acciona el taqué, en el cual está apoyada la varilla. Al ser accionada la varilla se levanta y acciona la cola del balancín (basculante) que al girar sobre el eje de balancines hace que éste actúe sobre la cola de la válvula, venciendo la acción del muelle, abriendo el orificio correspondiente.

Al desaparecer la acción de la leva, el muelle recupera su longitud inicial y la válvula cierra el orificio, al permitirlo la leva.

Árbol de levas en la culata (OHC)

Es el sistema más utilizado.

El accionamiento de las válvulas es o bien directo o a través de algún órgano. Esto hace que lo utilicen los motores que alcanzan un elevado número de revoluciones, aunque el mando es más delicado. El accionamiento puede ser:

- Directo
- Indirecto

Sistema OHC de accionamiento directo

Es un sistema que lleva pocos elementos. Se emplea para motores revolucionados.

La transmisión entre el cigüeñal y árbol de levas se suele hacer a través de correa dentada de neopreno.

Utiliza cámara de compresión tipo hemisférica, empleándose con mucha frecuencia tres o cuatro válvulas por cilindro.

Estos sistemas presentan el problema de que la culata es de difícil diseño.

Puede llevar uno o dos árboles de leva en la culata, llamado sistema DOHC, si son dos árboles de levas.

Sistema OHC de accionamiento indirecto

Este sistema prácticamente es igual que el anterior, con la única diferencia de que el árbol de levas, acciona un semibalancín, colocado entre la leva y la cola de la válvula. El funcionamiento es muy parecido al sistema de accionamiento directo. Al girar la leva, empuja el semibalancín, que entra en contacto con la cola de la válvula, produciendo la apertura de ésta.

Reglajes

Como consecuencia de la temperatura en los elementos de la distribución, estos elementos se dilatan durante su funcionamiento por lo que hay que dotarles de un cierto juego en frío.

Aunque la razón principal de dar este juego (holgura de taqués) es que determinan las cotas de la distribución, es importante no olvidar los efectos de la dilatación en la válvula.

Esta holgura con el funcionamiento, tiende a reducirse o aumentarse (dependiendo del sistema empleado), por lo que cada cierto tiempo hay que volver a ajustarlos pues de lo contrario las válvulas no cerrarán ni abrirán correctamente.

Esta holgura viene determinada por el fabricante y siguiendo sus instrucciones. Esta comprobación hay que realizarla cuando la válvula está completamente cerrada.

En un sistema OHV el juego de los taqués se mide entre el vástago de la válvula y el extremo del balancín.

En el sistema de distribución OHC de accionamiento directo, el reglaje de taqués se hace colocando en el interior del taqué, más o menos láminas de acero.

En el sistema de distribución OHC de accionamiento indirecto el reglaje de taqués se hace actuando sobre los tornillos de ajuste y contratuerca.

El reglaje se hará siempre con el motor en frío y como se dijo anteriormente, su valor, depende del fabricante.

Un juego de taqués grande provoca que, la válvula no abra del todo el orificio correspondiente, con lo que los gases no pasarán en toda su magnitud.

Un juego de taqués pequeño provoca que la válvula esté más tiempo abierta incluso no llegue a cerrar si no existe holgura, no pudiéndose conseguir una buena compresión y pudiéndose fundir la válvula en la parte de su cabeza (válvula descabezada) dando lugar a producirse grandes averías en el interior del cilindro y de la culata.

Sistema de lubricación

El funcionamiento del motor requiere el acoplamiento de distintas piezas que llevan diferentes movimientos entre sí. Todo movimiento de dos piezas en contacto y sometida a presiones, producen un rozamiento que depende tanto del estado (calidad de acabado superficiales), como de la naturaleza de las superficies en contacto (materiales empleados). Las superficies, por muy lisas y acabadas que parezcan, siempre presentarán una serie de rugosidades que al estar en contacto con otras, generan tal cantidad de calor, que ocasiona desgaste y un aumento de temperatura que podrá provocar la fusión (gripaje) de los metales en sus respectivas zonas superficiales de acoplamiento. Para reducir el rozamiento en los acoplamientos metálicos móviles se interpone entre ambas superficies, una fina película de aceite, de tal manera, que forme una cuña de aceite que mantenga separada e impida el contacto entre sí.

Órganos del motor a lubricar

- *Órganos en rotación.* Los apoyos y las muñequillas del cigüeñal. Los apoyos del árbol de levas y las levas. Los engranajes de mando del mecanismo del encendido. Los engranajes o la cadena de la distribución.

- *Órganos deslizantes.* Los pistones en los cilindros. Los taqués y las válvulas en sus guías.

- *Órganos oscilantes.* Los pies de bielas y los balancines alrededor de sus ejes.

Sistemas de lubricación

Lubricación por mezcla

Este sistema de lubricación es empleado en motores de dos tiempos. Consiste en mezclar con la gasolina una cierta cantidad de aceite (del 2 al 5%).

Este sistema de engrase tiene el inconveniente de formar excesiva carbonilla en la cámara de compresión y en la cabeza del pistón, al quemarse el aceite.

La ventaja de este sistema es que el aceite no necesita ser refrigerado. Aun así el engrase es imperfecto y los motores tienen tendencia a griparse, sobre todo cuando el motor está en marcha y el vehículo inmovilizado. Con el fin de evitar algunos de estos inconvenientes, determinados motores de dos tiempos llevan el aceite en un depósito separado, donde un dosificador envía el aceite al carburador, según las necesidades de cada momento.

Lubricación a presión

El sistema de lubricación a presión permite dosificar la circulación de aceite y la evacuación del calor.

El aceite se encuentra alojado en el cárter inferior. Una bomba sumergida en dicho aceite, lo aspira después de haber pasado por un colador y lo manda a presión hacia el filtro de aceite. Después del filtrado, se conduce a través de una rampa principal hasta los puntos que requieren lubricación. El aceite que rebosa de las piezas, regresa al cárter por gravedad.

El movimiento giratorio de ciertos elementos hace que el aceite salga despedido, lo que ocasiona salpicaduras que favorecen el engrase de diversos puntos donde las canalizaciones de engrase no llegan (engrase por proyección).

Elementos lubricados bajo presión
- El cigüeñal. Cabeza de biela.
- El árbol de levas (apoyos).
- El eje de balancines.

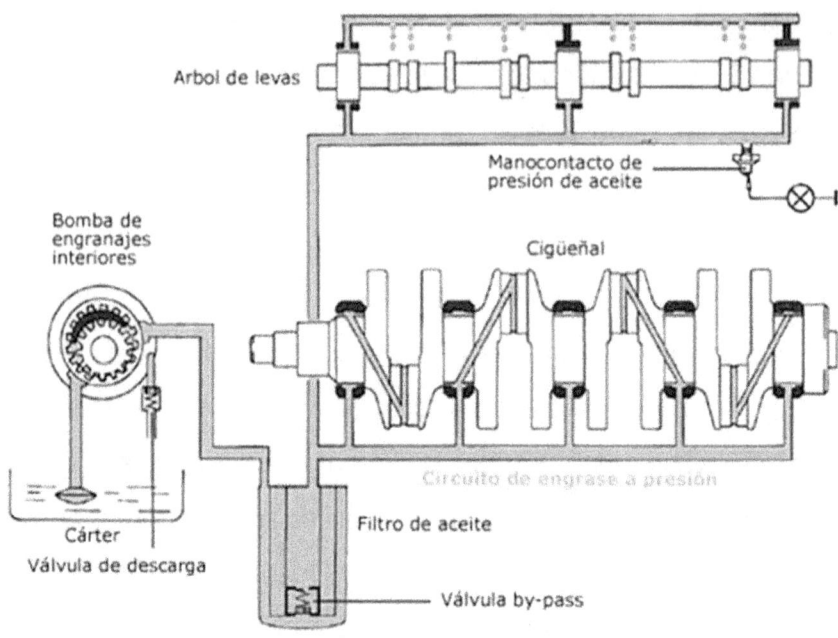

Circuito de engrase a presión

El cigüeñal está taladrado en toda su longitud, penetrando el aceite por su interior, para realizar el engrase en los codos y apoyos.

El árbol de balancines está taladrado en toda su longitud, con puntos de salida en los apoyos y en la zona de giro de los balancines.

Elementos engrasados por proyección

- Las camisas.

- Los pistones y sus ejes.

- Las levas y el árbol de levas.

- La distribución (mando).

- Las colas de válvulas.
- Las varillas de los balancines.
- Los taqués.

Lubricación a presión total o integral

Existe un sistema de lubricación denominado a presión total, siendo una mejora del sistema de lubricación a presión.

Es equivalente al engrase, a presión incrementado en el engrase bajo presión del bulón del pistón, gracias a un taladro practicado en el cuerpo de la biela.

Lubricación por cárter seco

En los motores revolucionados el aceite está sometido a altas presiones y temperatura, no refrigerándose éste de una forma rápida y eficaz.

La función y partes a lubricar, es similar al anterior sistema; la diferencia consiste en que el cárter no hace las funciones de depósito de aceite. El aceite se almacena generalmente aparte, pasando por un depósito refrigerador.

Para ello, una bomba recoge el aceite que cae al cárter a través del colador y lo envía al depósito, y otra bomba, desde el depósito lo envía al sistema de lubricación.

Al poseer un depósito de mayor capacidad que el cárter, el aceite tiene más tiempo para evacuar el calor y su temperatura media de trabajo, es menor.

Elementos del sistema de lubricación a presión

- *Bombas de lubricación*

Las bombas de engrase son las encargadas de recoger el aceite del cárter del motor y enviarlo a presión a todo el sistema de lubricación. Esta presión se mide en Kg/cm² (bares). Generalmente reciben el movimiento del árbol de levas, mediante un engranaje, dependiendo la presión que envía del número de revoluciones por minuto del motor.

Los tipos de bomba más utilizados son

- Bomba de engranaje.
- Bomba de rotor.
- Bomba de paletas.

Bomba de engranajes

Es la más utilizada en la actualidad. Está formada por dos ruedas dentadas, engranadas entre sí (piñones) con un mínimo de holgura, uno de los cuales recibe el movimiento del árbol de levas, transmitiéndolo al otro, que gira loco.

Ambos están alojados en una carcasa sobre la que los piñones giran ajustados. Los piñones, al girar, arrastran el aceite entre sus dientes y la carcasa sobre la que ajustan y al llegar a la otra parte, aceite sale por la tubería de la parte superior.

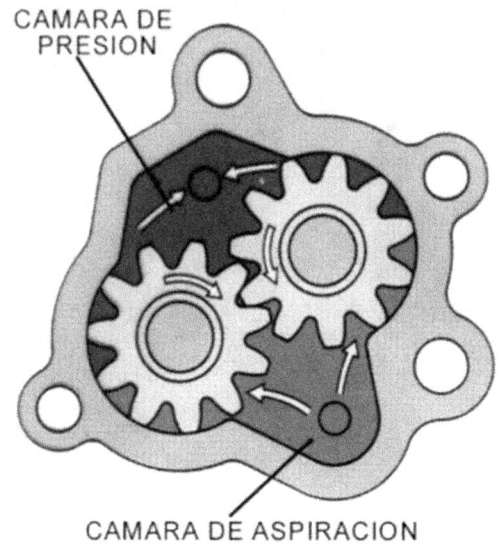

CAMARA DE PRESION

CAMARA DE ASPIRACION

Bomba de rotor

Es un sistema de engranajes internos. Como uno de los engranajes (rotor interior), tiene un diente menos que el otro, queda un hueco siempre entre ambos, que se llena de aceite por, debido al vacío creado cuando disminuye este hueco. El aceite se manda a presión por la salida. El eje del rotor interior recibe el movimiento del árbol de levas, a través de un piñón. Se utiliza menos que las de engranajes exteriores por enviar menos presión.

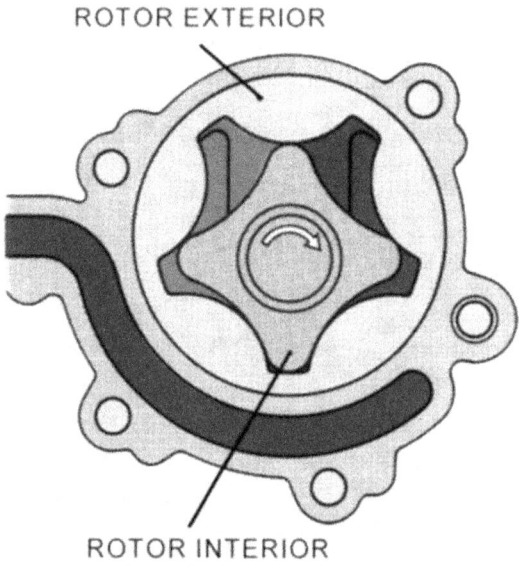

ROTOR EXTERIOR

ROTOR INTERIOR

Bomba de paletas

El cuerpo de la bomba de paletas tiene interiormente forma cilíndrica. Dos orificios desembocan en el cuerpo: el de entrada de aceite y el de salida. Un rotor excéntrico se aloja en la parte cilíndrica. Este rotor está diametralmente ranurado. La ranura recibe dos paletas que giran libremente. Un resorte intermedio mantiene, a poca presión, las paletas contra el cuerpo cilíndrico. La misión del muelle es mantener la estanqueidad a pesar del desgaste de las paletas debido al roce con las paredes del cuerpo de la bomba. Al girar el motor, el rotor lo hace en el sentido de la flecha. El volumen aumenta, ocasionando una depresión o vacío. El aceite se encuentra entonces aspirado en este volumen. Cuando el volumen tiende al máximo, la paleta 2 tapa el orificio de entrada del aceite. La rotación continúa y esta paleta 2 hace simultáneamente: Impulsar el volumen hacia adelante, al orificio de salida. Crear detrás, un nuevo volumen.

El ciclo se realiza así mientras el motor está en funcionamiento y el aceite se encuentra impulsado en las canalizaciones del sistema de lubricación.

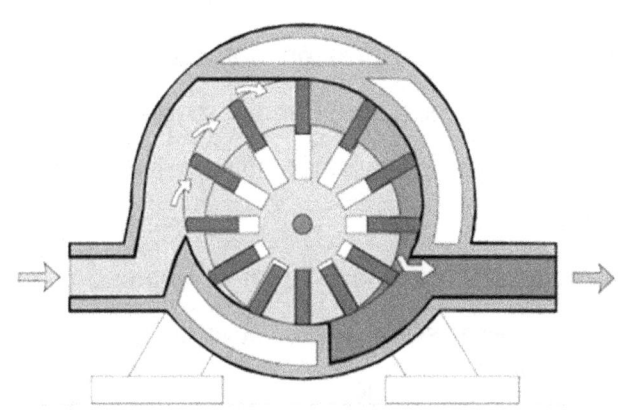

Bomba de paletas

Manómetro

Por presión de lubricación se entiende la presión a la que circula el aceite por la tubería general de engrase. Normalmente esta presión alcanza un valor próximo a 1 Kg/cm² al ralentí y de 4 a 5 kg/cm² con el motor acelerado, variando algo de un motor a otro. El valor máximo de la presión está limitado por la válvula de descarga o válvula reguladora.

Hay que tener en cuenta que el aceite frío marca más presión que el aceite caliente.

Es el manómetro un aparato encargado de medir en cada momento la presión del aceite en el interior del circuito de engrase. Se conecta a la canalización principal.

Además, se monta en los vehículos como elemento de control un indicador de presión de aceite eléctrico que actúa cuando la presión del aceite es muy baja (0.3 a 0.6 atmósfera), indicando, mediante un testigo luminoso, la falta de presión. No lo llevan todos los vehículos.

Actualmente se tiende a colocar un indicador de nivel de aceite, pero sólo actúa cuando el motor está parado y el contacto dado.

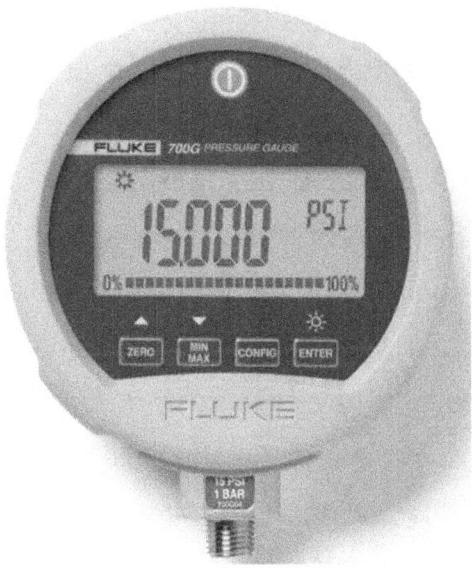

Manómetro digital

Válvula limitadora de presión

Debido a que la presión del aceite enviado por la bomba varía en función del régimen de rotación del motor y de la viscosidad del aceite, puede llegar un momento en que la presión del aceite sea excesiva e innecesaria, pudiendo deteriorar la instalación de engrase. La bomba recibe el movimiento del árbol de levas y, por tanto, su velocidad de funcionamiento está de acuerdo con la velocidad de giro del motor. Si el motor gira deprisa, también lo hará la bomba y, por tanto, enviará más aceite a las conducciones de lubricación. Si el aceite está frío, ofrecerá dificultad a pasar por las canalizaciones, produciendo en ambos casos un aumento de presión en las tuberías, superior a la normal, que traerá consigo mayor trabajo para la bomba y un aumento de deterioro de aceite. Para mantener la presión adecuada existe la válvula limitadora o válvula de descarga, que tiene por misión descargar las tuberías de lubricación del aceite sobrante cuando hay un exceso de presión limitando esta presión máxima de funcionamiento. La válvula va montada a la salida de la bomba, en la tubería general. Si la presión es excesiva, abre la válvula venciendo la acción del muelle calibrado y permitiendo que una parte del aceite vuelva al cárter, limitando de esta manera la presión. Si baja la presión, el muelle cierra la válvula y todo el aceite que va a lubricar, no dejándolo pasar al cárter.

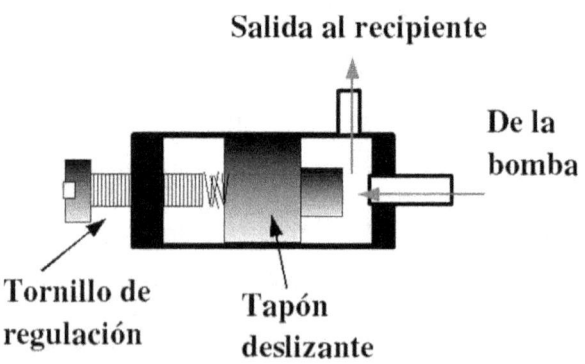

Detalle mecanismo de válvula limitadora

Filtro de aceite

El aceite para el engrase debe estar lo más limpio posible de impurezas. El aceite al volver al cárter, después de haber lubricado todas las partes del motor, arrastra carbonilla y polvillo metálico, que indudablemente se produce en el frotamiento de piezas entre sí, y otras suciedades. Todas estas impurezas deben ser eliminadas del aceite y para ello, se recurre a su filtrado. La bomba de engrase, lleva en su toma de aceite del cárter un colador que produce un primer filtrado. Después de la bomba y antes de llegar a los puntos a engrasar, se le hace pasar por un filtro, en el que, por su constitución, quedan retenidas las impurezas que pueda llevar el aceite en suspensión. Este filtro está constituido por un material textil poroso que no ofrezca mucha resistencia al paso del aceite. El filtro debe cambiarse pues va obstruyéndose y puede llegar a impedir el paso del aceite a través de él. Si ello ocurriera la diferencia de presiones abriría la válvula y pasaría el aceite, pero sin filtrar. El cambio del cartucho filtrante, se hará con la periodicidad indicada por el fabricante. En algunos motores también va un filtro centrífugo, en la polea del cigüeñal, ayudando al filtro principal.

Dependiendo de la disposición del filtro de aceite en el circuito de lubricación, el filtrado puede ser: en serie o en derivación.

SISTEMA DE FLUJO TOTAL

Circuito con filtro de aceite

Filtrado en serie

En la actualidad es el más utilizado.

Todo el caudal de aceite procedente de la bomba se hace pasar a través del filtro hacia la rampa principal de lubricación.

Con objeto de evitar que una obstrucción del filtro deje al circuito de engrase interrumpido, se practica una segunda canalización con una válvula que permite el paso directo.

En funcionamiento normal, todo el aceite pasa por el filtro.

Con el filtro obstruido, el aceite, por efecto de la sobrepresión, vence la acción del muelle de la válvula, abriendo el segundo conducto y creando un circuito de engrase sin posibilidad de filtrado.

Filtrado en derivación

Se hace pasar sólo una parte del caudal del aceite por el filtro, dirigiendo la otra directamente a la rampa de lubricación del motor.

El aceite que pasa por el filtro va directamente al cárter, con lo que toda la reserva de aceite se encuentra finalmente filtrada. Todo el aceite no se filtra en el momento en que empieza a lubricar las piezas.

Tipos de filtro de aceite

Como elemento filtrante se emplea una materia textil porosa dispuesta en forma de acordeón o bien ondulada, para aumentar la superficie de retención de impurezas y oponer menor resistencia al paso del aceite.

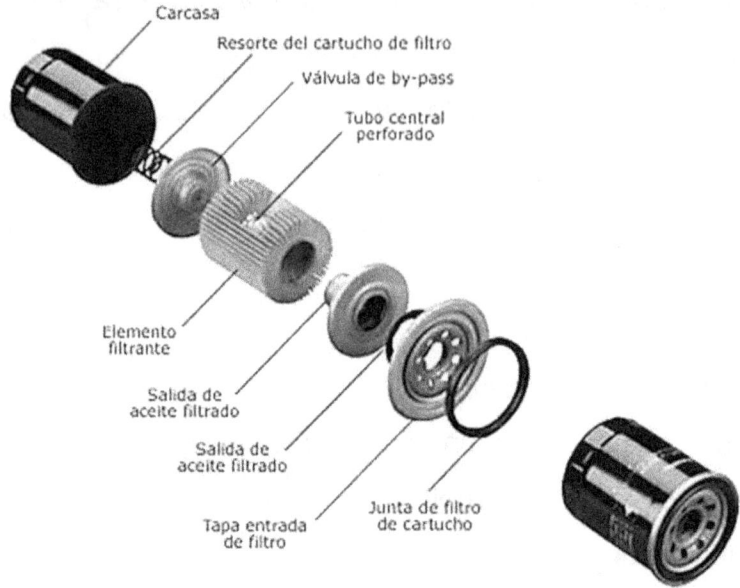

Despiece de un filtro desechable

Dependiendo de si es recambiable el elemento filtrante, los filtros pueden ser:

- Filtro con cartucho recambiable.
- Filtro monoblock
- Filtro centrífugo

Filtro con cartucho recambiable

Muy empleados en los motores diesel, el elemento filtrante se sustituye, y aunque el proceso de sustitución resulta más laborioso, resulta más económico.

La envoltura o carcasa exterior se mantiene y no es necesario recambiarla.

Filtro monoblock

Es el más utilizado en los motores de gasolina. El elemento filtrante y su recubrimiento metálico forman un solo conjunto, con lo que se sustituye todo de una sola vez. Son de fácil colocación y suelen ir roscados a un soporte lateral del bloque motor.

Al recambiarlo se tendrá precaución con el apriete, puesto que lleva una junta de caucho y fácilmente se pueden deformar.

Filtro centrífugo

Algunos motores diesel, sobre todo en motores de grandes cilindradas, requieren un filtrado más perfecto que los de gasolina (debido a la carbonilla producida en la combustión y que pasa al cárter por la alta compresión alcanzada).

La presión del aceite hace girar al conjunto giratorio hasta 5000 rpm. La fuerza centrífuga impulsa a las partículas contra la pared interior, quedando adheridos a un papel filtrante.

En ciertos vasos, las partículas metálicas se retienen por un imán.

Refrigeración del aceite

En la actualidad los aceites empleados son de gran calidad y variando poco su viscosidad con la temperatura. Conviene mantener su viscosidad dentro de unos límites óptimos de funcionamiento para que pueda ejercer perfectamente su acción refrigerante en los elementos lubricados y evitar que, por exceso de calor, el aceite pierda sus características.

Para conseguir la correcta refrigeración se emplean dos sistemas:

- Refrigeración por el propio cárter inferior del motor.
- Refrigeración por radiador de aceite.

Refrigeración del cárter

Lo utilizan todos los vehículos. Consiste en hacer que el aire incida sobre el cárter, que será de gran superficie y de pequeño grosor (normalmente construido de chapa de acero estampado o aluminio). En el caso de engrase por cárter seco el aire incide sobre el depósito de aceite y sobre el cárter.

Así pues, la eficacia de esta refrigeración será en función de la superficie del cárter, del grosor y del material utilizado en su construcción y de la exposición que tenga al aire de la marcha, según si el motor va colocado longitudinal o transversalmente.

La temperatura en el cárter es la de régimen del motor, aproximadamente 80º C.

Refrigeración por radiador de aceite

Es un sistema complementario de la refrigeración por cárter, muy empleado en los motores refrigerados por aire y en motores de elevado número de revoluciones, que trabajan en condiciones más severas.

La temperatura de funcionamiento del aceite es mucho mayor, por lo que se recurre a la utilización de una refrigeración más efectiva, para mantener las características del aceite.

Este sistema consiste en utilizar un radiador. Por su interior circulará el aceite del motor.

El aceite es enviado por la bomba al radiador, donde se refrigera y continúa hacia los puntos de engrase. Este radiador dispone de una válvula térmica que impide la entrada al radiador, cuando el aceite no tiene la temperatura de funcionamiento.

Ventilación del sistema de lubricación

Ventilación del cárter

Durante el funcionamiento del motor y durante los tiempos de compresión, explosión y escape, pasan, a través de los segmentos, pequeñas cantidades de combustible sin quemar, vapor de agua y otros productos residuales de la combustión.

Estos vapores diluyen y producen la descomposición del aceite, perdiendo rápidamente sus características o propiedades lubricantes.

Además de estos vapores, el aceite produce otra serie de vapores procedentes de su oxidación debido a las altas temperaturas del motor.

Todos estos vapores (combustible, vapores de agua y aceite) producen también sobrepresiones en la parte baja del motor, por lo que se hace necesario sacarlo fuera del cárter según se vayan produciendo.

Los reglamentos de la lucha anti-polución obligan a los constructores a no enviar los vapores de aceite a la atmósfera.

Existen dos sistemas de ventilación aunque en la actualidad se emplea uno de ellos, la ventilación cerrada.

Estos sistemas son:

- Ventilación abierta.
- Ventilación cerrada.

Ventilación abierta

Este sistema está prohibido debido a que arroja a la atmósfera los gases procedentes de la combustión, contaminándola. Este sistema consiste en colocar un tubo, que comunica el interior del motor con la atmósfera.

Ventilación cerrada

Este sistema es obligatorio en todos los motores actuales.

Consiste en que el tubo que proviene del cárter no da a la atmósfera sino al colector de admisión, quedándose los gases en el interior de los cilindros.

Esta mezcla carburada (vapores, aire y combustible) que entra a los cilindros, contribuye a que la gasolina sea menos detonante y, por otra parte, la niebla aceitosa lubrica las partes altas del cilindro que tan escaso está de aceite y en tan duras condiciones trabaja.

Características de los aceites

Para el buen funcionamiento del motor y de los demás conjuntos del vehículo, ha de utilizarse el aceite adecuado, es decir aquel que tenga unas determinadas características físicas y químicas, que responda a las condiciones particulares de los distintos conjuntos.

En estos estudios nos vamos a referir a los aceites empleados en los motores, de una forma más específica que en los aceites para el resto de los conjuntos que constituyen el vehículo.

Los aceites empleados en los motores, actualmente, son de origen mineral obtenidos por medio de destilación por vacío del petróleo bruto.

Después reciben aditivos y tratamientos que les confieren propiedades específicas.

La tendencia actual es a la utilización de aceites sintéticos, creados en laboratorios, en los cuales se potencia sus características lubricantes, duración y menor mantenimiento, aunque son más caros.

Un aceite, para responder a las exigencias de un motor, ha de considerarse bajo los siguientes puntos de vista:

- *Presión entre las piezas del rozamiento.*
- Medios de repartición de aceite.
- Régimen de rotación del motor.
- Temperatura de funcionamiento.
- Condiciones de utilización del motor.

Las características de los aceites son:

- Viscosidad. Es la resistencia que opone el aceite al fluir por un conducto. La viscosidad se mide utilizando una tabla (S.A.E.), que indica el índice de viscosidad.
- Adherencia. Es la capacidad que poseen los aceites de adherirse a las superficies.
- Grado de acidez. Es el porcentaje de ácidos que contiene el aceite. Este grado ha de ser muy bajo para evitar corrosiones y no debe exceder del 003%.
- Grado de cenizas. Es el porcentaje de cenizas del aceite y no debe exceder de 002%.
- Estabilidad química. Es la capacidad que tienen los aceites de permanecer inalterables con el tiempo a la oxidación y a la descomposición.

- Punto de congelación. Es la temperatura a la cual solidifica un aceite.

- Punto de inflamación. Es la temperatura a la que se inflaman los gases o vapores del aceite.

- Detergencia. Es el efecto que posee un aceite de arrastrar y mantener en la superficie residuos y posos.

Designación de los aceites

- Por viscosidad

Los aceites se clasifican por su índice de viscosidad de 10 a 70, según las normas SAE. A partir del grado 80 y hasta 120 se llaman valvulina (utilizadas en cajas de cambio). Un aceite de índice 70 es muy viscoso y uno de índice 10, muy fluido. Actualmente, es muy frecuente la utilización de aceites multigrados. Esto es debido a que en invierno los aceites se vuelven espesos, por lo que nos interesará que el aceite sea fluido. En cambio en verano el aceite se vuelve más fluido, por lo que nos interesa que sea viscoso. Estos aceites multigrados presentan dos grados o índices de viscosidad, por ejemplo: SAE 10 W-40, Nos indica que el aceite se portará como uno de viscosidad 10 (muy fluido) en invierno y como uno de viscosidad 40 (semiviscoso) en verano. La W (Winter = invierno en inglés) indica un aceite un poco más fluido que otro que no la lleva (SAE10-40).

- Por tipos de calidades

Aceite regular: aceite normal purificado, sin aditivos químicos. Su viscosidad varía con la temperatura y se oxida.

Aceite Premium: es aceite regular con aditivos químicos en proporción inferior al 5%. Se mezcla con aceites vegetales.

Aceite detergente (HD): anticorrosivo, antioxidante y detergente.

Aceite multigrado: ya mencionado.

Aceite al grafito o molibdeno: adecuados para el rodaje de los motores, debido a las propiedades de estos materiales (bajo coeficiente de rozamiento).

- Por condiciones de servicio

-Norma A.P.I.

Son las normas del Instituto Americano del Petróleo.

Condiciones de servicio para motores de gasolina (identificador "S").

Condiciones moderadas SA, Medias SD y Duras SCT.

Condiciones de servicio para motores diesel (identificador "C").

Condiciones moderadas CA, Medias CC y Duras CD.

La segunda letra, después del identificador, indica la calidad del aceite y el servicio de trabajo que puede soportar y cuyas condiciones de servicio serían: moderadas, medias y duras.

-Norma C.C.M.C. (Comité de Constructores del Mercado Común)

Es otra clasificación de calidades de aceite, que comprenden tres series:

- Motores de gasolina: G1 - G2 - G3 - G4 - G5.
- Motores diesel de turismos: PD1 - PD2.
- Motores diesel: D1 - D2 - D3 - D4 - D5.

Según va aumentando el número, aumenta también la calidad del aceite, siendo los de mayor calidad y resistencia a condiciones duras de servicio (motores sobrealimentados) los aceites del número "4" y "5".

-Norma A.C.E.A. (Asociación de Constructores Europeos de Automóviles)

Utiliza la siguiente nomenclatura:

Primero pone una letra:

Motores de gasolina: A.

Motores diesel de turismos: B

Motores diesel de pesados: E

A continuación detalla un número:

Motores antiguos: 1 (calidad básica)

Motores de potencia pequeña y mediana: 2 (calidad estándar)

Motores de gran potencia: 3 (calidad superior)

Por último indica el año de instalación o revisión de la Norma.

Por ejemplo: ACEA A298 / B298. Aceite para vehículo de gasolina o diesel de no mucha potencia, calidad estándar, y para servicios normales o ligeramente severos.

Mantenimiento

Como norma general se deben seguir las instrucciones del manual del vehículo indicadas por el fabricante.

A continuación se dan unas normas que pueden complementar o sustituir en algún caso a las dadas por el fabricante.

Comprobación del nivel de aceite en el cárter

El consumo de aceite en los motores se realiza, generalmente, por el paso de aceite entre los segmentos, quemándose en el interior del cilindro.

Se considera límite de consumo la pérdida de 1 litro cada 2000 km.

Los motores poseen una varilla indicadora de nivel de aceite.

Está situada en un lateral del motor y al extraerla se observan unas marcas indicadoras del nivel máximo y mínimo.

Esta medición se realizará con motor frío y terreno en horizontal.

Si necesitáramos añadir aceite por encontrarse el nivel por debajo del mínimo, utilizaremos aceites de las mismas características y a ser posible de la misma marca, aunque esta última no es condición indispensable; y no debiendo superar nunca la marca del máximo o quedar por debajo del mínimo.

Un exceso de nivel puede producir, además de humos azules, carbonilla en la cámara de combustión.

Cambio de aceite

La ventilación y filtrado del aceite no bastan para impedir que éste vaya perdiendo sus cualidades poco a poco.

- El cambio de aceite debe realizarse:
- Siempre con el motor parado.
- El motor debe estar caliente.
- El vehículo colocado en posición horizontal.
- Abriendo el tapón de vaciado situado en la parte inferior del cárter.
- Extrayendo la varilla indicadora de nivel de aceite de su alojamiento.
- Cambiando la arandela.
- Llenándolo por el orificio o tapa de balancines.

Este cambio se hará en función de los kilómetros recorridos por el vehículo, la estación del año y vías por las que se circula, adaptándose al libro de instrucciones del vehículo o bien cuando el aceite pierda sus características.

Cambio del filtro de aceite

Debido a la cantidad de impurezas retenidas por el filtro de aceite, este podría llegar a obturarse, siendo necesaria su sustitución antes de que esto ocurra.

Se pueden utilizar las siguientes normas de cambio de filtro:

- Utilizar el mismo filtro (referencias).

- Apretar atendiendo a la junta y a su asiento.

- En los motores de gasolina, un cambio de filtro por cada dos cambios de aceite del cárter.

- En los motores diesel, por cada cambio de aceite, como norma general, cambiar el filtro de aceite.

- Si se utilizan aceites que por sus características, los cambios se realizan después de muchos kilómetros (aceite sintético), el cambio de filtro se realizará al mismo tiempo que el cambio de aceite.

Limpieza exterior del cárter

El cárter es el lugar donde se refrigera el aceite, por lo que la superficie exterior de este cárter debe estar libre de grasas y barro, para favorecer la evacuación del calor.

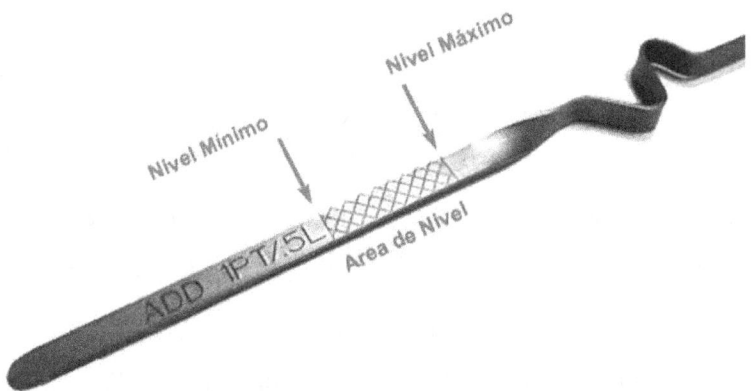

Detalle varilla de medición del aceite en el cárter

Llave para filtro de aceite

El sistema de refrigeración

Función del sistema de refrigeración

Al hablar del motor de explosión decíamos que en su funcionamiento se aprovechaba parte de la energía química existente en un combustible y que se transformaba en energía mecánica.

La transformación se hacía mediante la inflamación de la mezcla que producía una explosión. En esta explosión se desarrolla un extraordinario calor, hasta el punto que la mayor parte de la energía que no se utiliza, sí da lugar al calentamiento y por consiguiente a muy elevadas temperaturas en los elementos y piezas de la cámara de explosión, principalmente durante el tiempo de escape.

Esta temperatura, que en el momento de la explosión se acerca a los 2.000 grados (temperatura instantánea), produciría una dilatación tal, que las piezas llegarían a agarrotarse, dando lugar por otra parte a una descomposición del aceite de engrase.

Ahora bien, no solamente se produce calor en la cámara de compresión, sino también en los cilindros, pues aun cuando en ellos no tiene lugar la explosión y no están sometidos a la temperatura instantánea que ésta provoca, sí lo están a la de los gases durante el tiempo de explosión y por otra parte al calor producido por el frotamiento continuo del pistón sobre sus paredes.

Para eliminar en parte ese calor y evitar los perjuicios que puede ocasionar se recurre a la refrigeración de las piezas o elementos del motor que más calor reciben. Ello se consigue con el sistema de refrigeración.

Este calor absorbido no ha de ser ni muy poco (ya que produciría dilataciones), ni muy elevado (pues bajaría el rendimiento del motor notablemente). Aproximadamente se eliminará por el sistema de refrigeración un 30% del calor producido en la explosión o combustión.

Además de estas grandes dilataciones, las altas temperaturas producidas en los motores hacen que la cantidad de mezcla que llega a los cilindros sea pequeña, por lo que es necesario para el aumento de rendimiento del motor, dotarlo de un sistema de refrigeración. También ocurre que, debido a las altas temperaturas, el aceite de lubricación pierde sus propiedades lubricantes. Las partes que requerirán mayor refrigeración, serán aquellas sometidas a más altas temperaturas. Estas son: la culata (especialmente las zonas de proximidad a la válvula de escape), las válvulas (con sus asientos y guías) y los cilindros (debido al roce con el pistón).

Sistemas de refrigeración

Los sistemas de refrigeración que se utilizan en la actualidad son:

- Refrigeración por aire.
- Refrigeración por líquido.

Refrigeración por aire

La refrigeración por aire se consigue exponiendo las partes más calientes del motor (culata y exterior de los cilindros) a la corriente de aire que se produce por la marcha del vehículo o bien por una turbina, al irse renovando continua y rápidamente el aire absorbe el calor de las superficies antes indicadas.

El calor producido en el motor se evacúa directamente al aire, para lo cual el motor se construye de aleación ligera (con buen coeficiente de conductividad térmica) y se le aumenta la superficie de contacto con el aire, dotándole de una serie de aletas. Estas aletas serán mayor cuanto mayor sea el calor a evacuar. Así, pues, las mayores serán las más cercanas a la culata (cámara de explosión).

El intercambio de calor entre los cilindros y el aire será mayor cuanto más delgadas sean las paredes de las aletas, debiéndose mantener el espacio entre las aletas perfectamente limpio.

Dependiendo de la forma de hacer llegar el aire a los cilindros existen dos tipos de refrigeración por aire:

- Refrigeración por aire directa.
- Refrigeración por aire forzada.

Refrigeración por aire directa

El aire que incide sobre el vehículo al circular, a su vez, refrigera el motor, dependiendo así la refrigeración de la velocidad del vehículo y no de la del motor.

Al ralentí, la refrigeración es mínima, ya que se realiza por radiación únicamente y a bajas revoluciones del motor. Por ello sólo se utiliza en motocicletas de pequeña cilindrada que tienen el motor expuesto al aire. En turismos y camiones sería totalmente ineficaz, ya que la eliminación de calor por radiación dentro del compartimento motor sería mínima.

Refrigeración por aire forzada

La refrigeración por aire de los motores, al estar estos generalmente cerrados por la carrocería, es necesario encauzar el aire, canalizándolo hacia los cilindros y culata.

Se dispone de una turbina que activa y aumenta esa corriente, que es movida por una correa montada en una polea situada en el extremo del cigüeñal. El ventilador aspira el aire exterior y lo dirige a las partes a refrigerar.

Un estrangulador automático regula el paso de aire en función de las necesidades del motor. Así, en el arranque en frío, corta el paso de aire y el motor alcanzará rápidamente su temperatura de régimen.

Ventajas

- Diseño y construcción simplificado.
- Poco peso del motor (no tiene elementos como radiador, manguitos o bomba).
- Mínimo entretenimiento, al carecer de líquido refrigerante, bomba o manguitos.
- Tamaño pequeño del motor, al no tener cámara para líquido.

- Mayor rendimiento térmico (menos pérdidas de calor por refrigeración).

- Se alcanza la temperatura de régimen óptimo del motor antes que en la refrigeración líquida.

Inconvenientes

- Refrigeración irregular, debido a que depende de la temperatura del aire, la altitud y la velocidad del vehículo.

- Son más ruidosos, debido a que el aire al pasar entre las aletas produce vibraciones.

- Se enfrían muy rápidamente (uso del estrangulador muy a menudo).

- Peor llenado de los cilindros (menor potencia útil), debido a las temperaturas alcanzadas.

- Se utiliza en motor bóxer o de cilindros opuestos, por canalizar mejor el aire.

Refrigeración por líquido

Es el sistema generalizado que utilizan los automóviles actuales. En este sistema cilindros y bloque de cilindros constituyen una envoltura en cuyo interior circula el líquido de refrigeración. El líquido refrigerante circula igualmente por el interior de la culata a través de unos huecos previstos al efecto (cámaras de líquido). Las cámaras están uniformemente repartidas alrededor de la cámara de combustión y cilindros. Este líquido, que se calienta al contacto con las paredes, es a continuación dirigido hacia el radiador, donde cede su calor al aire ambiente, para volver después al bloque de cilindros.

La capacidad calorífica del líquido es muy elevada, siendo, a veces mayor que la del aire. Por ello, el volumen de las cámaras de líquido, los cilindros y la velocidad de circulación del líquido, deben contribuir a no dejar llegar el agua hasta el punto de ebullición.

Elementos de los sistemas de refrigeración por líquido

- Cámara de agua.

- Radiador.

- Uniones elásticas.

- Bomba de agua.

- Ventilador o electroventilador.

- Termostato.

- Elementos de control.

Cámara de agua

Son unos huecos practicados en el bloque motor y en la culata. Por las cuales circula el líquido refrigerante. Rodean las partes que están en contacto directo con los gases de la combustión (cilindros, cámaras de combustión, asientos de bujías y guías de válvulas).

Se caracterizan por el caudal de líquido que circula en el motor.

Radiador

Su misión es enfriar el agua caliente procedente del motor. Está situado, generalmente, en la parte delantera del vehículo de forma que el aire incida sobre él durante su desplazamiento.

Se une al chasis de forma elástica mediante tacos de caucho y por medio de manguitos flexibles al motor, evitando así posibles daños con las vibraciones del motor y la marcha del vehículo. Para su fabricación se emplean generalmente, aleaciones a base de cobre (latón). Si bien es cierto que cuanto mayor sea la superficie frontal del radiador mayor será también la refrigeración (más superficie en contacto con el aire), tampoco conviene que sea de una superficie excesiva, puesto que de ser así el motor tardaría mucho en alcanzar su temperatura óptima de funcionamiento o no llegaría a alcanzarla. En algunos casos aislados se montan en la parte frontal del radiador unas persianas para regular la superficie del radiador expuesta a la incidencia del aire. Por ello, la efectividad de un radiador, depende de la superficie del mismo expuesta a la incidencia del aire.

Para mejorar el coeficiente aerodinámico del vehículo y que la superficie del radiador sea suficiente, se fabrican los radiadores gruesos en vez de muy altos.

El radiador tubular está formado por una serie de tubos cilíndricos o planos; largos y finos; verticales u horizontales, rodeados por unas aletas de gran conductibilidad térmica que le sujetan y a la vez le sirven de superficie refrigerante. El aire del exterior y el producido por el ventilador pasa por entre los tubos, absorbiendo el calor de sus superficies y con ellos el del agua que por los mismos desciende. El agua cae vertical u horizontalmente y el aire que penetra horizontalmente lo refrigera a través de los tubos que tienen una gran conductividad. En el radiador de nido de abeja el cuerpo refrigerador está formado por finos y cortos tubos con sus extremos ensanchados en forma hexagonal. Estos tubos van soldados unos a otros de forma que entre ellos dejan un estrecho espacio para el agua, mientras los tubos horizontales son atravesados por el aire de la marcha. La superficie de refrigeración es muy grande. Son poco utilizados a causa de su elevado precio. En la parte superior del radiador va dispuesto un tapón, que puede ser estanco (sistema moderno) o con válvula de seguridad (sistema antiguo).

Bomba de agua

En el proceso de refrigeración, la circulación es activada por una bomba que se intercala en el circuito, entre la parte baja del radiador y el bloque, obligando la circulación del líquido refrigerante (refrigeración forzada). La bomba más usada es de paletas de tipo centrífugo, es decir, que el agua que llega a la rueda de paletas, la cual gira dentro de un cuerpo de bomba de aleación ligera, es recogida por éstas y en su giro la expulsa con fuerza hacia la periferia, obligándola a pasar a las cámaras de agua. La bomba va instalada frontal o lateralmente y recibe su movimiento del cigüeñal a través de la correa que en algunos casos también mueve el ventilador. Para evitar que el agua se salga por el eje, se le monta un dispositivo tipo prensa o junta de frotamiento, que es la más usada actualmente. El eje de la bomba está montado de forma excéntrica en el cuerpo de la misma, con objeto de economizar el paso de agua alrededor de la rueda. Se debe comprobar y revisar el estado y la tensión de la correa de la bomba. Si está destensada podría producirse el calentamiento del motor al patinar ésta. Si estuviera muy tensada le afectaría a los cojinetes de la bomba y a la propia correa. No tiene que estar ni muy tensada ni destensada, permitiéndose una flexibilidad de unos 2 centímetros, aproximadamente.

Uniones elásticas

El radiador se une a la carrocería elásticamente (tacón de goma) y al motor mediante conducciones flexibles (manguitos) de tal forma que las vibraciones no perjudiquen al radiador.

Ventilador. Electro-ventilador

Es el elemento encargado de hacer pasar una corriente de aire suficiente para refrigerar el agua a través del radiador. Además refrigera algunos órganos externos como generador, bomba, bomba de gasolina y carburador. En los modelos antiguos el ventilador está montado en el mismo eje que la bomba de agua y mientras el motor funciona, lo hace el ventilador. Esto ocasiona que el ventilador funcione cuando el motor no lo necesita, es decir, cuando el vehículo estuviera frío o en marcha y aprovecharse de la corriente de aire producida en su recorrido. Esto implica un consumo de energía, ya que actualmente los automóviles son, en su mayoría, de motor delantero, pudiendo aprovechar la corriente producida por la marcha. Actualmente los automóviles van dotados de un electroventilador con un mando termoeléctrico, de tal forma que entra en funcionamiento al adquirir el agua del circuito de refrigeración una determinada temperatura, evitando así pérdidas innecesarias de potencia por arrastre en regímenes en los que el empleo del ventilador no es necesario. Uno de los elementos del electroventilador es el ventilador, que es una pequeña hélice, de dos a seis palas. Cuanto mayor sea el número de éstas, más enérgica será la corriente de aire proporcionada; también será dicha corriente más eficaz cuanto más largas sean las palas, hasta llegar a un máximo en que comenzaría a perder su eficacia. Las palas son fabricadas con láminas de acero, aleación de aluminio o plástico moldeado. Deben ser lo suficientemente sólidas para que puedan absorber las deformaciones, así como estar bien equilibradas para que no produzcan vibraciones. El electroventilador entra en funcionamiento cuando la temperatura del motor es superior a la de régimen, lo pone en funcionamiento el termocontacto que recibe la temperatura del líquido refrigerante. El termocontacto va situado, generalmente, en una parte baja del radiador, o bien en la misma culata. Cuando el vehículo está en marcha, el aire incide directamente sobre el radiador, con lo que la refrigeración del líquido está asegurada. Al circular a poca velocidad, o cuando el vehículo se encuentre detenido, la refrigeración en el radiador es menor, y la temperatura del líquido subirá. El electroventilador puede ir montado delante o detrás del radiador. En cualquiera de los dos casos, el sentido del aire será siempre de radiador hacia motor (de fuera a dentro).

Ventajas

- Posibilidad de colocar el radiador en la posición que más convenga. De esta manera se puede colocar el radiador en el frente del vehículo, siendo el motor transversal, así como montarlo delante o detrás del ventilador.

· La marcha es más silenciosa.

· La refrigeración, al ser independiente de la velocidad del motor y del vehículo, evita el sobrecalentamiento en caso de que el motor tenga que funcionar largo tiempo a ralentí.

· El motor consume menos para una misma potencia, al no tener que mover el ventilador con la correa.

Inconvenientes

· Aunque mínimo, cabe reseñar la mayor complejidad del sistema, que aumenta la posibilidad de averías (los componentes del circuito eléctrico).

Tipos de ventiladores

En la actualidad se utilizan ventiladores que, solamente giran cuando la temperatura del motor se eleva hasta un grado determinado.

Ventilador con acoplador electromagnético

Está provisto de un embrague magnético que se conecta cuando la temperatura del agua se eleva hasta un grado determinado.

Ventilador con acoplador hidráulico y regulación térmica por aire del radiador

La unión entre ventilador y el motor, está asegurado por un acoplador hidráulico cuya acción se determina según la cantidad de líquido que se introduce en él.

Este líquido (aceite de silicosa o líquido hidráulico), está contenido en una cavidad dispuesta en el cubo del ventilador o en un depósito separado, y su introducción en el acoplador está controlada por una válvula a un bimetal fijada sobre el cubo del ventilador y sometida a la temperatura del flujo de aire que ha atravesado el radiador. Ventilador con acoplador hidráulico y regulación térmica por líquido refrigerante (ventilador viscoso). Su funcionamiento se basa en el mismo principio que el anterior. Utiliza como elemento de fricción la silicona, pero la regulación de funcionamiento está regulada por la acción del líquido refrigerante sobre el bimetal que actúa en la válvula de paso y no por el aire que atraviesa el radiador.

Termostato

El motor necesita ser refrigerado, pero como dijimos anteriormente, no en exceso, ya que una temperatura demasiado baja produce una mala vaporización de la gasolina que se condensa en las paredes de los cilindros, mezclándose posteriormente con el aceite y disminuyendo sus cualidades lubricantes, lo que ocasiona mayor gasto de combustible y un peor engrase. Así pues necesitaremos un dispositivo (termostato) que haga que la refrigeración no actúe cuando el motor esté frío, para que se consiga rápidamente la temperatura de óptimo rendimiento (esta temperatura, medida en el líquido de refrigeración, es de 85° a 90°C aproximadamente). Este mismo dispositivo ha de permitir la refrigeración completa o parcial del agua, dependiendo de la temperatura del motor. Así pues, la misión del termostato es mantener la temperatura del motor en la de óptimo rendimiento. Para ello actúa sobre el paso del agua regulando la temperatura de ésta sobre los 85°C. Si se produce un exceso de refrigeración (marcha de noche a bajas temperaturas), el termostato se vuelve a cerrar, calentando el motor. Para mantener la temperatura del motor, actuando sobre la circulación del líquido, se emplea una válvula de doble efecto (el termostato), que se intercala en el circuito de salida de la culata hacia el radiador. Los termostatos que se emplean son aparatos capaces de producir una acción de tipo mecánico cuando varía la temperatura del ambiente donde están situados, utilizándose generalmente dos tipos:

- Termostato de fuelle.
- Termostato de cera.

Termostato de fuelle

Consiste en un depósito metálico cerrado, de plancha muy fina, con las paredes en forma de fuelle o acordeón. En este depósito hay un líquido o sustancia muy volátil, como por ejemplo: éter, parafina, etc. Esta válvula, cuando el motor está frío, está cerrando el paso del líquido hacia el radiador y lo permite hacia la bomba. Al calentarse el líquido en el motor se calienta el depósito del termostato con el líquido volátil, éste se volatiza y aumenta de volumen.

El depósito, por este aumento de volumen se alarga, abriendo la válvula y permitiendo el paso del líquido hacia el radiador, a la vez que cierra el paso hacia la bomba. Si, circulando con el vehículo, la temperatura del motor desciende, por ser muy baja la exterior, el líquido de la válvula que se encontraba volatizado, se condensa, disminuye su volumen y el depósito se contrae, cerrando la válvula el paso del refrigerante hacia el radiador y abriendo el paso hacia los cilindros (a través de la bomba de agua) hasta que nuevamente se alcanza la temperatura adecuada.

Termostato de cera

El funcionamiento de los termostatos de cera es similar al de los de fuelle, sustituyéndose el líquido volátil por cera. Este sistema es el más empleado actualmente.

Elementos de control

El conductor debe, en todo momento, poder comprobar la temperatura del agua de refrigeración, a fin de detectar inmediatamente las anomalías posibles en el circuito de refrigeración o motor.

El tablero de control está equipado a este fin; bien con un testigo luminoso, bien con un indicador de temperatura.

Indicador de temperatura

Según la precisión del aparato, éste estará provisto de una graduación, indicando la temperatura exacta del motor, en zonas de colores diferentes, correspondiendo a un funcionamiento normal o anormal. Estos indicadores de temperatura son mandados eléctricamente por un termistor que se sitúa en la culata o sobre el radiador. El termistor es una resistencia que, en función de la temperatura, deja pasar una corriente más menos intensa. Esta variación de corriente hace desviar la aguja del indicador de temperatura.

Circuitos de refrigeración

En la actualidad y en general, se emplea en vehículos automóviles, la refrigeración por circuito cerrado o sellado. Existe otro tipo de circuito, el de refrigeración abierta que lo tendremos en cuenta como base del anterior, aunque no se utilice normalmente.

Circuito abierto

El tapón de llenado del radiador en su parte superior posee una válvula de seguridad. Esta válvula comunica con la presión atmosférica y su misión es la de evitar que no se produzcan sobrepresiones en el circuito. En el caso de que en el interior del circuito de refrigeración se produjese una presión excesiva que pudiese dañar alguno de sus elementos, el circuito se pone en contacto con la atmósfera a través de la válvula, produciéndose la evacuación del vapor interno al exterior y retornando aire al interior del depósito. Este sistema presenta el inconveniente de que el líquido perdido es irrecuperable, con lo que hemos de controlar frecuentemente el nivel del radiador para establecer las pérdidas.

Circuito cerrado o sellado

Este circuito consiste en conectar el radiador con un pequeño depósito denominado vaso de expansión. De esta manera el líquido no se pierde en el exterior y puede ser recuperable. La válvula de seguridad que permite la salida del líquido del radiador, se encuentra en el tapón de cierre o a la entrada al vaso de expansión. Esta válvula permite el paso del vapor de agua a presión hacia el vaso de expansión, hasta que se iguale con la presión en el radiador. Si la presión baja demasiado en el radiador, la válvula permite el paso del líquido del vaso de expansión hacia el radiador y restablece así la presión y el nivel en el radiador. El paso del líquido entre los dos elementos se consigue por diferencia de presiones del elemento con más presión hacia el elemento con menos presión del radiador al vaso o a la inversa. El vaso de expansión se comunica con el exterior si la presión de funcionamiento es muy superior a lo establecido y lo hace a través de la válvula de seguridad que lleva el vaso de expansión. La presión en el radiador, generalmente es superior a la atmosférica. Debido a esta presión en el radiador, el punto de ebullición del líquido aumenta, es decir, hierve a más de 100° C.

En este sistema no existen pérdidas de líquido. Si las hubiera, deberíamos revisar el circuito y localizar el punto donde se produce la fuga para poder subsanarlo.

Líquidos refrigerantes

Se emplea el agua tratada con ciertos aditivos, como líquido refrigerante, debido a su estabilidad química, buena conducción, por su abundancia y economía.

El agua sola presenta grandes inconvenientes como:

Sales calcáreas que obstruyen las canalizaciones del circuito (dureza). Se corrige destilando el agua.

A temperaturas de ebullición es muy oxidante, atacando el circuito y sus elementos.

Por debajo de 0º C solidifica y aumenta su volumen, pudiendo inutilizar el circuito de refrigeración.

Para evitar estos inconvenientes se mezcla el agua con anticongelante y otros aditivos, denominándose a la mezcla líquido refrigerante. Este líquido presenta las siguientes propiedades:

Disminuye el punto de congelación del agua hasta -30º C, según su concentración.

Evita la corrosión de las partes metálicas del circuito, debido a los aditivos que entran en su composición.

Así, pues, el líquido refrigerante quedará compuesto por:

- Agua destilada.
- Anticongelante (etilenglicol).
- Bórax (2 a 3%): inhibidor de la corrosión y de la oxidación.
- Antiespumante.
- Colorante.

Mantenimiento

Este mantenimiento constará de los siguientes puntos:

- Comprobación periódica del nivel del líquido refrigerante en el vaso de expansión.

- El nivel de líquido ha de estar comprendido entre las marcas: máximo y mínimo, que figuran en el vaso de expansión.

- No se ha de llenar nunca completamente el vaso, se debe dejar un espacio libre para el vapor.

- Limpieza periódica del circuito, según las instrucciones del fabricante.

- Comprobación de fugas y sustitución de los manguitos flexibles deteriorados.

- Mantenimiento del buen estado general y de tensión de la correa de la bomba.

- Conviene llevar una correa de repuesto y herramientas para montarla.

- Comprobación del funcionamiento del termostato y la entrada en funcionamiento del electroventilador.

- Limpieza exterior del radiador.

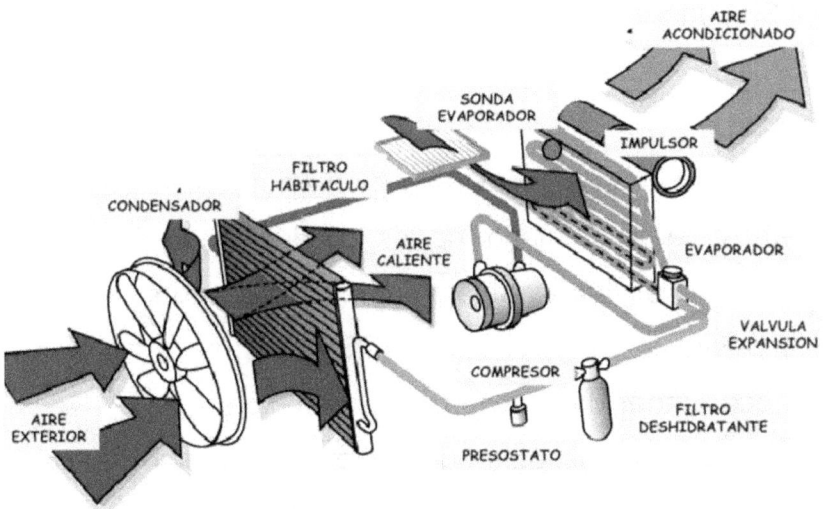

Componentes del circuito de Aire acondicionado

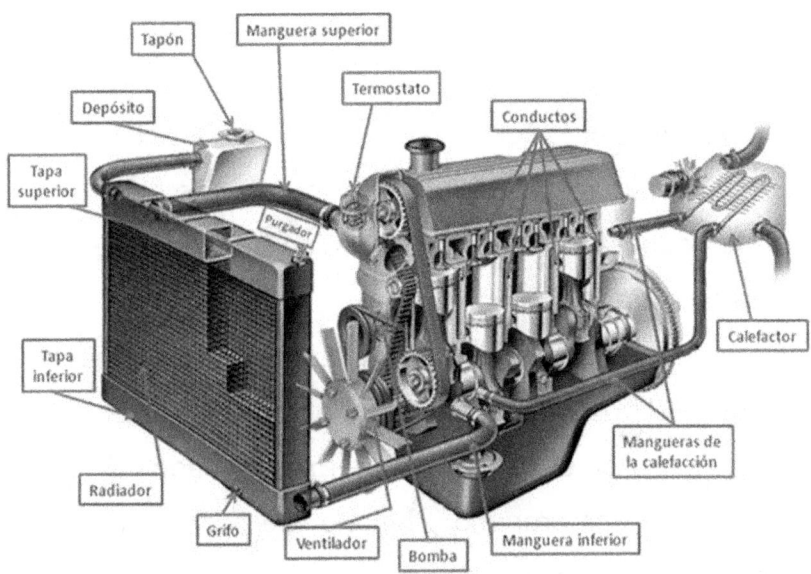

Sistema de enfriamiento

Sistema de alimentación en motores de explosión

Misión

La misión del circuito de alimentación es preparar y hacer llegar al interior de los cilindros la cantidad de mezcla necesaria, en la proporción adecuada y en los momentos en que se solicita, según sean las necesidades de la conducción del motor.

Es importante resaltar que aún existen automóviles de serie cuya alimentación se realiza mediante un circuito de alimentación con carburador.

Es cada día más importante el uso de sistemas de alimentación dotados de inyección de gasolina.

Combustibles

El combustible empleado en los motores de explosión es la gasolina, obtenida del petróleo bruto a través de una serie de destilaciones.

En la actualidad se utiliza también, aunque en menor grado, el gas licuado del petróleo (G.L.P.), en particular para el servicio "taxi". Está formado por una mezcla de gas propano y butano. Su poder calorífico es inferior que el de las gasolinas.

En la actualidad son muy usadas las gasolinas sin plomo por su menor efecto contaminante, y es utilizada en vehículos con encendido electrónico, inyección electrónica y catalizador obligatoriamente para evitar averías importantes, sobre todo en el catalizador.

Características de las gasolinas
Volatilidad
La volatilidad de un líquido es la facilidad que tiene para convertirse en gas.
Las gasolinas empleadas en automoción han de ser muy volátiles, para favorecer la unión íntima con el oxígeno del aire, obteniéndose una mezcla y posterior combustión.

Poder calorífico
El poder calorífico de un combustible es el número de kilocalorías que es capaz de proporcionar un kilogramo de dicho combustible.
Las gasolinas han de tener un alto poder calorífico, superior a las 11.000 kcal/kg.

Octanaje

El octanaje o índice de octanos de las gasolinas indica su "poder antidetonante". Las gasolinas deben tener un octanaje alto, generalmente superior a 90 octanos. Cuanto más alto sea su octanaje, mayor compresión soportará sin llegar a producir detonación. Cuanta mayor compresión soporte, mayor será la potencia desarrollada por el motor.

Circuito de alimentación

El circuito de alimentación está constituido por un depósito de combustible, del que aspira combustible una bomba, que lo envía por una canalización al carburador, que prepara la mezcla y que a través del colector de admisión llega a los cilindros. Para ello toma aire de la atmósfera a través de un filtro y gasolina de una cuba del carburador.

La gasolina llega a la bomba después de ser filtrada en por medio de la canalización, la gasolina retorna al depósito, por la canalización sobrante.

Depósito de carburante

Colocado, generalmente, en una parte alejada del motor, para evitar el peligro de incendio. El depósito se coloca en un punto bajo para descender el centro de gravedad del vehículo y aumentar su estabilidad. Se coloca fuera de las deformaciones de la carrocería para evitar el peligro en caso de choque. Se emplea en su fabricación chapa de acero galvanizado, en dos mitades (H) que se unen con soldadura eléctrica. En la actualidad se fabrican también de plástico duro. Los depósitos metálicos se suelen recubrir de una capa antioxidante por el exterior y un barnizado por el interior. El depósito debe ser estanco totalmente y dispone de un tubo con una boca de llenado y un tapón de cierre en el exterior. Posee un pequeño orificio de ventilación situado en el tubo o en el mismo tapón de cierre. Este orificio está conectado con el exterior, y mantiene en el interior del depósito la presión atmosférica. Suelen llevar un tabicado interior agujereado para evitar el ruido, limitar los movimientos del líquido y evitar la creación de vapores. Lleva un orificio para el tubo de salida del carburante y en la entrada a este tubo se puede colocar un filtro de malla metálica, para un primer filtrado. Además de estos orificios, tiene practicado otro taladro de grandes dimensiones donde se acopla el indicador de nivel de carburante. El indicador de nivel más usado, consta de un flotador situado en el interior del depósito que mueve una varilla metálica a lo largo de una resistencia variable. Dependiendo de la posición del contacto con la resistencia, la intensidad de la corriente será mayor o menor.

Esta corriente llega a un indicador que marcará en una escala el nivel en el depósito, en función de la intensidad de corriente que reciba.

Bomba de alimentación

La misión de la bomba es la de extraer el carburante del depósito y mandarlo al carburador o a la bomba de inyección, (dependiendo del sistema de alimentación empleado), para su posterior mezcla con el aire.

Existen dos tipos de bombas de alimentación según su accionamiento:

- Mecánica.
- Eléctrica.

Bomba de alimentación mecánica

Se acopla al bloque motor por medio de unos tornillos con una junta y una placa para disminuir la transmisión de calor producido por el motor, evitando que la gasolina se convierta en gas. Esta bomba es accionada por una excéntrica que posee el árbol de levas del motor cuando éste se encuentra en el bloque, o bien por un dispositivo de mando, si lleva el árbol de levas en cabeza.

Funcionamiento

La membrana es movida hacia abajo por la excéntrica a través de un sistema de palancas, aspirando combustible. Cuando cesa la acción de la excéntrica, el muelle mueve la membrana hacia arriba, saliendo el combustible impulsado a presión.

Esta bomba presenta los siguientes inconvenientes:

- Se pueden producir burbujas en el carburante por la acción del calor del motor, al estar montado en él.
- La membrana pierde elasticidad, al dilatarse, por la acción del calor del motor.
- Rotura frecuente de la membrana, por fatiga.
- Al estar separada del depósito se necesita una membrana de grandes dimensiones para poder producir una succión efectiva.

- Para que funcione la bomba tiene que estar en funcionamiento el motor.

Bomba de alimentación eléctrica

La parte superior es similar a la de una bomba mecánica (membrana y válvulas de aspiración e impulsión). Esta bomba es accionada por la corriente de la batería sobre un electroimán que mueve la membrana. La principal ventaja de esta bomba es que puede situarse en cualquier parte del vehículo. No se encuentra por tanto influenciada por el calor producido por el motor. Además funciona con la llave en posición de contacto, sin que para ello sea necesario hacer girar el motor.

En algunos vehículos, equipados de un sistema de inyección, podemos encontrar una bomba de rodillos movida por un motor eléctrico sumergido en la gasolina.

Filtros

El sistema de alimentación lleva dos tipos de filtros:

- Filtros de carburante.
- Filtros de aire.

Filtro de carburante

Tiene como misión retener las partículas que pudiera llevar en suspensión el carburante. Suelen estar constituidos por un pequeño tamiz de malla metálica o de plástico. Están colocados a la salida del depósito, a la entrada de la bomba de alimentación y a la entrada del carburador.

Filtro de carburante

Filtro de aire

Tiene la misión de retener las partículas que el aire lleva en suspensión, generalmente el polvo, y evitar así que penetre en el interior de los cilindros y el desgaste, en parte, de éstos. Existen tres tipos de filtros de aire:

- Filtro seco.
- Filtro húmedo.
- Filtro en baño de aceite.

Filtro seco

El aire es obligado a pasar a través de un elemento filtrante de papel poroso especial, de plástico o de tejido. Está plegado en forma de acordeón o bien de forma distinta, con objeto de aumentar la superficie filtrante. Para dar mayor solidez al filtro, éste se suele montar con un recubrimiento de material plástico. Todo el conjunto se introduce en un alojamiento que sirve de soporte. Dispone de dos posiciones, según la estación del año, orientables éstas mediante el giro de la tapa previo desenroscado de las tuercas que lo fijan al cuerpo. La toma de aire caliente lo hace por la boca de entrada que está próxima al colector de escape y la de aire frío por el conducto que se sitúa en el plano más alto del conjunto motor. La toma se efectuará por uno u otro conducto según sea la flecha del soporte del filtro esté en correspondencia con "I" o "V" de la tapa, caliente y frío respectivamente (verano-invierno).

Filtro húmedo

Es similar al anterior. El elemento filtrante es una malla de tejido metálico impregnado de aceite, donde quedan adheridas las partículas que contiene el aire. Este filtro se monta en el mismo soporte que en el caso anterior y es más efectivo que el anterior, pero presenta como inconveniente el mayor y más continuo mantenimiento.

La limpieza se puede realizar con gas-oíl y seguidamente, el secado, con aire comprimido o con otro medio.

Filtro en baño de aceite

Este filtro lleva un recipiente inferior, una cámara con aceite, situada debajo un elemento filtrante, que suele ser de tejido metálico.

La entrada de aire se sitúa de forma que, al entrar en el filtro, la corriente de aire choque directamente con la superficie del aceite.

De este modo, las partículas más pesadas que contiene el aire, al cambiar éste tan bruscamente de dirección, quedan retenidas por inercia en el aceite y el resto del polvo es filtrado por el tejido metálico del filtro.

El aire desciende después por su conducto. Cuando el aceite de la bandeja se espesa, hay que limpiar y proceder a la sustitución del aceite, hasta el nivel que está indicado en el recipiente.

Filtro de aire. Seco.

Carburación

Para que se produzca una combustión, es preciso que haya dos elementos: combustible y comburente, y en unas condiciones determinadas.

Combustibles son aquellos cuerpos sólidos, líquidos o gaseosos que son capaces de quemarse mediante un comburente. En los motores de explosión se emplea como combustible la gasolina. Como comburente se emplea el oxígeno del aire.

Las condiciones son: estar mezclados gasolina y aire en unas proporciones determinadas, comprimir esta mezcla, y, como consecuencia, elevar su temperatura para que, mediante una chispa, se inicie la explosión.

La misión del carburador es: realizar la mezcla aire-gasolina en la proporción adecuada para que una vez dentro de los cilindros pueda arder con facilidad.

Esta mezcla será gaseosa, bien dosificada y homogénea, con objeto de obtener el máximo rendimiento del motor.

Carburación elemental

El carburador está basado en el efecto Venturi, que consiste en la depresión que toda masa gaseosa crea en una canalización al circular por ella.

La depresión creada es directamente proporcional a la velocidad con que el gas circula por la canalización.

Si dentro de esa canalización se coloca un surtidor comunicado con la cuba de combustible, la diferencia de presión entre cuba y canalización hace que llegue combustible a la boca del surtidor, pulverizándose y mezclándose con el aire del exterior, siendo arrastrada esta "mezcla" hacia los cilindros (por la aspiración de éstos en el tiempo de admisión).

Cuba

Es la encargada de mantener constante el nivel de combustible a la salida del surtidor.

Es una reserva de gasolina.

Surtidor

Tubo calibrado que une la cuba con el colector de admisión.

Difusor o Venturi

Situado a la altura del surtidor. Consiste en un estrechamiento que aumenta la velocidad del aire, pero sin variar su caudal (cantidad). El caudal de gasolina se encuentra, así, favorecido.

La válvula de mariposa del acelerador

Permite variar la cantidad de mezcla admitida en el cilindro.

Dosificación de las mezclas

Debido al peso de la gasolina y del aire y como consecuencia de sus respectivas inercias, se deben controlar, según las necesidades del motor y de su número de revoluciones, la proporción en la mezcla de sus componentes, es decir, la dosificación de la mezcla. Existen una serie de dispositivos para corregir las diferentes dosificaciones, según las circunstancias.

Estas dosificaciones (en peso combustible/aire, medido en gramos) son las siguientes:

- Dosificación pobre (1/15 a 1/18). Para regímenes que no requieren un gran par motor (régimen de crucero en llano).
- Dosificación normal (1/15). Para regímenes donde la velocidad está en función de la potencia.
- Dosificación rica (1/12,5). Para prestaciones de máxima potencia del motor.
- Dosificación muy rica (1/4). Para arranque en frío.
- La dosificación normal ideal en volumen es, aproximadamente, 1 litro de combustible por cada 10.000 litros de aire.

Dispositivos de corrección automática de las mezclas

Los carburadores disponen por regla general de los siguientes circuitos:

- Circuito de ralentí: proporciona la cantidad de combustible necesaria para el funcionamiento del motor a bajas revoluciones (aproximadamente 800 r.p.m.).

- Circuito de compensación: sistema que evita el que se dispare el consumo de combustible, al acelerarse el motor, ya que la mezcla tiende a enriquecerse.

- Circuito economizador: adecúa la riqueza de la mezcla a una dosificación de máximo rendimiento, con independencia de la carga en los cilindros.

- Circuito enriquecedor: para proporcionar una mezcla rica en situaciones de máxima potencia (bomba de aceleración).

- Dispositivo de arranque en frío: para enriquecer la mezcla en el momento de arrancar (estárter o estrangulador).

- Circuito de progresión: ayuda al ralentí al paso de bajas a altas revoluciones cuando no actúa el circuito principal.

Alimentación por inyección de gasolina

Este sistema de alimentación empleado en los motores de explosión, sustituye al carburador por un sistema que inyecta la gasolina, finalmente pulverizada, directamente sobre el aire aspirado en el tiempo de admisión.

Ventajas del sistema de inyección:

- Elevado rendimiento.
- Menos consumo de combustible.
- Rapidez de adaptación.
- Gases de escape poco contaminantes.

La inyección puede ser:

Directa.

Indirecta.

La inyección directa, inyecta la gasolina directamente en el cilindro; la inyección indirecta inyecta la gasolina en el colector de admisión. Con la inyección directa se consigue una rápida pulverización del combustible en el aire y la máxima potencia del motor, pero es necesaria una mayor presión de inyección.

La inyección indirecta requiere un montaje más sencillo, debido a la menor presión de inyección.

La inyección indirecta puede ser:

- Inyección continua: si la inyección es constante en los inyectores que están colocados a la altura de las válvulas de admisión.

- Inyección discontinua: si la inyección se efectúa en el momento en que se encuentra abierta la válvula de admisión, siendo intermitente y con una perfecta sincronización con la válvula correspondiente.

Los sistemas empleados como dispositivo de mando en el circuito de alimentación pueden ser:

- Inyección con mando mecánico.
- Inyección con mando electrónico.

Inyección con mando mecánico

Entre los sistemas mecánicos de inyección se distinguen los accionados por el motor de explosión y los carentes de dispositivo de accionamiento.

Los sistemas accionados por el motor constan de una bomba de inyección con su correspondiente regulador incorporado y su actuación es similar a la de los de inyección de los motores diesel.

Este sistema, en la actualidad, en los motores de explosión no se utiliza. La otra variante es un sistema que trabaja inyectando de forma continua sin dispositivo de accionamiento.

Inyección con mando electrónico

Estos sistemas de inyección electrónica, sobre los sistemas mecánicos anteriores, tienen la ventaja de disponer de dispositivo de alta sensibilidad para suministrar el volumen adecuado en cada momento en los cilindros y no requieren un distribuidor mecánico de alta precisión. El funcionamiento no requiere tanta precisión como en los sistemas mecánicos.

Los elementos que componen el sistema son los siguientes:

- Depósito de combustible.
- Mediador del caudal de aire.
- Electro bomba de combustible.
- Colector de admisión.
- Filtro de combustible.
- Tubo de admisión.
- Distribuidor de combustible.
- Unidad de control.
- Regulador de presión.
- Sonda Lambda.
- Válvula de arranque en frío.
- Termointerruptor temporizado.

- Filtro de aire.

La misión de la inyección de gasolina es hacer llegar a cada cilindro el combustible exactamente necesario, según las exigencias de servicio del motor, en cada momento. Esto implica la necesidad de tener el mayor número posible de datos importantes para la dosificación del combustible y una rápida adaptación del caudal de combustible a la situación de marcha momentánea. La inyección de gasolina, controlada electrónicamente, es la adecuada en este caso, ya que se registran los datos de servicio en cualquier lugar del vehículo, para su posterior conversión en señales eléctricas mediante medidores. Estas señales se hacen llegar a la unidad de control de la instalación de inyección, la cual las procesa, y calcula inmediatamente a partir de ellas el caudal de combustible a inyectar. El valor de este caudal depende de la duración de la inyección.

Principio de funcionamiento

Una electrobomba que aspira del depósito e impulsa el combustible al tubo distribuidor y genera la presión necesaria para la inyección. Las válvulas de inyección inyectan el combustible en los distintos tubos de admisión. Una unidad electrónica controla las válvulas de inyección.

Sistema de aspiración

El sistema de aspiración hace llegar al motor el caudal de aire necesario. Consta de filtro de aire, colector de admisión, mariposa y los distintos tubos de admisión.

Sensores

Los sensores (medidores) registran las magnitudes características del motor para cada estado de servicio. La magnitud de medición más importante es el caudal de aire aspirado por el motor, que es registrado por el medidor correspondiente, llamado también sonda volumétrica de aire. Otros medidores registran la posición de la mariposa, el régimen de revoluciones del motor, las temperaturas del aire y del motor.

Unidad de control

En esta unidad electrónica se analizan las señales suministradas por los medidores, y a partir de ellas se generan los impulsos de mando correspondientes para las válvulas de inyección.

Sistema de alimentación

El sistema de alimentación impulsa el combustible desde el depósito a las válvulas de inyección, genera la presión necesaria para la inyección y mantiene constante dicha presión. El sistema de combustible incluye: bomba de alimentación, filtro de combustible, tubo distribuidor, regulador de presión, válvulas de inyección y válvulas de arranque en frío.

Catalizador

La gasolina se quema en los cilindros del motor de forma incompleta. Cuanto más incompleta sea la combustión, más sustancias nocivas serán expulsadas con los gases de escape del motor. Todas las medidas encaminadas a reducir las emisiones de sustancias nocivas y limitadas en diversas disposiciones legales, van orientadas a conseguir unas emisiones mínimas de sustancias nocivas consiguiendo al mismo tiempo el menor consumo posible de combustible, unas elevadas prestaciones y un buen comportamiento de marcha. Los gases de escape de un motor de gasolina contienen otros componentes que se han reconocido como nocivos para el medio ambiente. Los componentes nocivos están formados por monóxido de carbono (CO), óxidos de nitrógeno (NO) e hidrocarburos (HC).

La misión del catalizador es la de transformar las sustancias nocivas que contienen los gases de la combustión en componentes inocuos.

Por medio del catalizador es posible transformar más del 90% de las sustancias nocivas en inocuas. Cuando los gases atraviesan el catalizador, la descomposición química de las sustancias nocivas es acelerada ante todo por el platino y el rodio. Interiormente está compuesto por:

- Material cerámico.
- Lana de acero para soporte.
- Carcasa.

Catalizador de dos vías

Está compuesto por metales preciosos, platino y paladio. Eliminan el monóxido de carbono y los hidrocarburos no quemados, para convertirlos en dióxido de carbono, vapor de agua y nitrógeno.

Catalizador de tres vías

Compuesto igual que el anterior pero se le añade el rodio. Este metal reduce los óxidos de nitrógeno para convertirlos en nitrógeno y oxígeno. Este catalizador se emplea en inyecciones electrónicas que posean sonda lambda. La sonda lambda es un dispositivo electrónico de control que analiza la cantidad de oxígeno de los gases de escape, evaluando así la correcta combustión aire-combustible. Informa al control electrónico de la inyección para que efectúe constantes correcciones de la mezcla aire-carburante (mayor o menor inyección de combustible).

Normas que se deben considerar en vehículos con catalizador

- No utilizar gasolina con plomo, ya que pequeñas cantidades de plomo obstruyen el catalizador.
- El consumo de aceite no debe ser superior a un litro cada 1.000 km. Destruye las propiedades catalíticas.
- No realizar recorridos cortos con el vehículo en frío ya que si el catalizador no alcanza su

temperatura de funcionamiento, la gasolina sin quemar deteriora el catalizador.

- No arrancar el vehículo empujándolo y sobre todo si se encuentra caliente.

- No utilizar aditivos que contengan plomo.

- Comprobar la puesta a punto del motor periódicamente.

- No llevar el depósito frecuentemente en reserva.

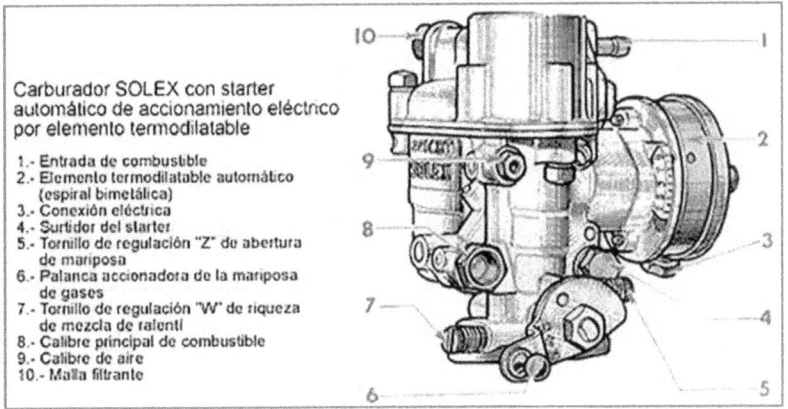

Carburador SOLEX con starter automático de accionamiento eléctrico por elemento termodilatable

1.- Entrada de combustible
2.- Elemento termodilatable automático (espiral bimetálica)
3.- Conexión eléctrica
4.- Surtidor del starter
5.- Tornillo de regulación "Z" de abertura de mariposa
6.- Palanca accionadora de la mariposa de gases
7.- Tornillo de regulación "W" de riqueza de mezcla de ralentí
8.- Calibre principal de combustible
9.- Calibre de aire
10.- Malla filtrante

Carburador Solex

Mantenimiento y reglaje

El mantenimiento del sistema de alimentación se realizará atendiendo a las instrucciones y recomendaciones dadas por el fabricante.

Detalle ubicación Inyectores

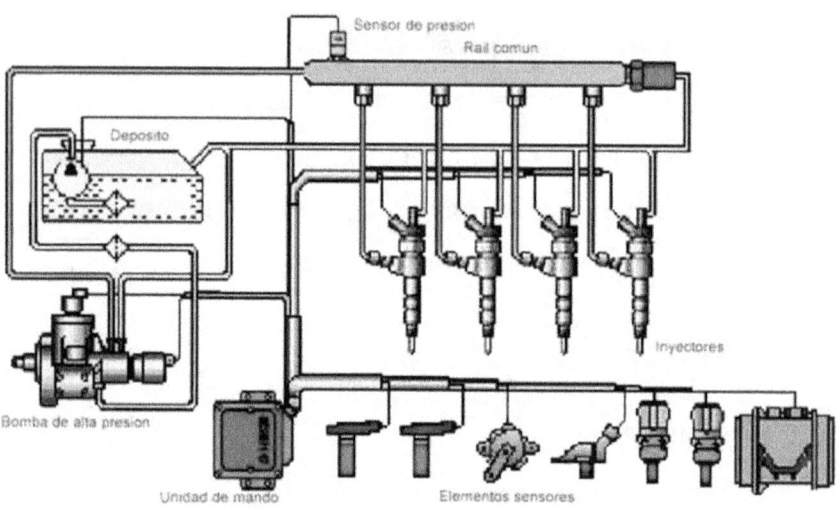

Los reglajes y revisiones de cada uno de los elementos constituyentes de los distintos tipos o sistemas de alimentación -carburador o sistema de inyección-, lo debe realizar personal especializado y con los elementos técnicos necesarios para poner a punto cada componente del sistema que se trate.

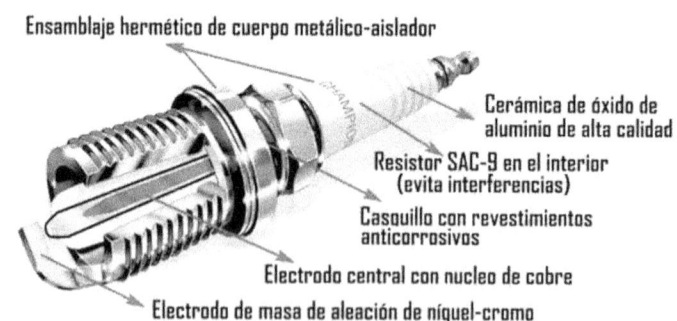

Partes de una bujía

Mantenimiento y averías mecánico/eléctricas

Revisiones periódicas a cargo del conductor

1. Limpieza del vehículo.

2. Cambio filtro de aceite.

3. Nivel de aceite del motor. Cambio de filtro.

4. Comprobar manguitos refrigeración.

5. Nivel y cambio del refrigerante.

6. Tensión de la correa del generador, bomba de agua.

7. Batería. Nivel de electrólito. Conexiones

8. Encendido. Comprobación de bujías y cables.

9. Depósito del lavaparabrisas.

10. Depósito del lavalunetas.

11. Comprobar conexiones generador.

12. Comprobar conexiones motor arranque.

13. Nivel del embrague hidráulico.

14. Nivel líquido de la servodirección.

15. Surtidores del lavafaros.

16. Ajuste de los surtidores del lavaparabrisas.

17. Comprobación del estado de las escobillas del limpiaparabrisas.

18. Comprobar recorrido pedal de freno. Pastillas.

19. Comprobar recorrido freno de mano.

20. Comprobar recorrido embrague.

21. Nivel de cambio.

22. Nivel del depósito del líquido de freno.

23. Presión neumáticos.

24. Engrase.

25. Engrasar bisagras cerraduras puertas.

26. Conservación de herramientas y equipos.

27. Documentación del vehículo.

Las revisiones indicadas en el libro de servicio, prácticamente están referenciadas en esta relación aunque se relacionan otras que se deben llevar a cabo en talleres recomendados según las marcas.

Revisiones de niveles, líquidos y otros elementos del vehículo

Nivel de aceite de motor

Se han de usar lubricantes especialmente formulados y aprobados. De usar este aceite a la hora de reponer, así como a la hora de cambiar el aceite. Este tipo de aceite se ofrece con las gamas de viscosidad usuales y es apropiado, para todo tipo de temperaturas. Estos, al cambiarlos en los intervalos correspondientes, prolongarán la duración de los componentes. El uso de aceites inapropiados podría traer como consecuencia desgastes prematuros y averías. Se da en la sección de "Datos técnicos" un cuadro con números relativos a los diferentes grados de viscosidad del aceite del motor, para usos excepcionales, cuando no se disponga del aceite, antes comentado. En las estaciones de servicio insista siempre que le pongan únicamente los aceites especificados. Al comprobar el nivel de aceite, asegúrese de que el vehículo se encuentre sobre terreno nivelado. Detenga el motor y espere unos minutos, para que el motor se enfríe y el aceite escurra al cárter. Extraiga la varilla medidora, límpiela con un paño sin hilachas, introdúzcala -comprobando que entre del todo- y vuélvala a sacar. La película de aceite del extremo interior de la varilla indica el nivel de aceite del cárter. Si el nivel de aceite se encontrara entre las dos marcas de la varilla, no habría necesidad de reponerlo. Si el nivel hubiera descendido hasta la marca "MÍN", añada aceite hasta que el nivel esté entre el máximo y el mínimo. No reponga aceite por encina de la marca "MÁX" ya que el aceite en exceso se desperdiciaría probablemente y se aumentaría el consumo, pudiendo, dañar el motor asimismo. Aténgase siempre al mismo tipo de aceite.

Varilla medidora del sistema de aviso auxiliar

En los vehículos provistos de un sistema auxiliar, la comprobación del nivel de aceite insuficiente no funciona con el motor en marcha. Se lleva a cabo únicamente al conectar inicialmente el encendido o al volver a poner en marcha el motor después de haberlo detenido durante más de tres minutos. Si el vehículo se encontrara en una pendiente al arrancarlo, se obtendría una señal de aviso falsa. Para conseguir una comprobación del aceite correcta, estacione el vehículo sobre terreno nivelado, espere, por lo menos tres minutos y vuelva a poner el motor en marcha. La varilla medidora posee un sensor.

Al comprobar el nivel del aceite será necesario sacar la varilla de su tubo y, al hacerlo, es importante que los cables y el enchufe múltiple, acoplados a la misma, no queden dañados. Agarre simplemente la manecilla y extraiga la varilla medidora, comprobando que el nivel de aceite se encuentre entre las dos marcas de la misma (remítase a la "Guía de funcionamiento"). Compruebe que la varilla quede metida a fondo una vez completada la comprobación. En condiciones de funcionamiento normales, habrá que cambiar el filtro y el aceite del motor, como se especifica en el manual de mantenimiento.

Nivel de líquido de la servodirección

El nivel del líquido se ha de comprobar cuando el sistema se encuentre a la temperatura de funcionamiento o cuando esté frío, si bien habrá que asegurarse de que el encendido esté desconectado.

Retire la tapa de llenado/mediadora, limpie la varilla con un trapo sin hilachas, insértela y apriétela. Retire la tapa de llenado de nuevo y observe el nivel del líquido de la varilla. Cuando el sistema se encuentre a la temperatura de funcionamiento, el nivel del líquido ha de llegar a la marca superior "HOT" (caliente). Reponga, en caso necesario, líquido especificado para llevar el nivel hasta dicha marca. Si el nivel se comprobara con el sistema frío, se habría de encontrar en la marca inferior de la varilla "FULL COLD" (lleno en frío). Añada el líquido especificado, en caso necesario, para llevar el nivel hasta dicha marca y compruebe luego el sistema de nuevo cuando se encuentre a la temperatura de funcionamiento.

Variantes

Estas variantes poseen un depósito independiente, que está graduado con una marca "MÍN" y otra "MÁX". Compruebe el nivel del líquido cuando el sistema se encuentre a la temperatura de funcionamiento, o cuando esté frío, y si fuera necesario, reponga el líquido especificado hasta la marca "MÁX".

Nivel del depósito del líquido de frenos

Comprobar el nivel del líquido de los frenos es una de las precauciones de seguridad de mayor importancia. La línea "MÁX" del depósito indica el nivel del líquido más alto permisible. El nivel descenderá ligeramente después de un largo período, debido al ajuste automático de los frenos. Si el nivel requiere un llenado frecuente, pida que verifiquen el sistema de frenado. Aviso: no permita nunca que el nivel del líquido descienda de la marca "MÍN". Al desenroscar la tapa, sujete la regleta de los cables de la luz testigo del nivel del líquido de los frenos. La eficacia de los frenos puede quedar perjudicada al usar líquidos que no se ajusten a la especificación. Lo mismo ocurre al usar líquido de frenos que haya estado expuesto a la atmósfera. La humedad absorbida del aire diluye el fluido y reduce su eficacia.

Cambio de refrigerante

Se ha de vaciar, lavar y llenar el sistema de refrigeración con una nueva mezcla refrigerante cada 60.000 km. ó cada dos años, según lo que ocurra primero. La razón de ello es que los inhibidores anticorrosivos del refrigerante pierden su eficacia después de este período. Se habrá de cambiar y revisar siempre según las instrucciones del fabricante.

Refrigerante del motor especificado

En aquellos climas en que resulte necesaria la protección contra las heladas, llene el sistema, después de vaciarlo, con el 50% de agua y el 50% de anticongelante.

Anticongelante

La culata del motor de aluminio: el inhibidor anticorrosivo de ciertos anticongelantes, si bien especificado para utilizar con motores de aluminio, se descompondrá a temperaturas de funcionamiento de unos 120º C. El motor opera a estas temperaturas elevadas para conseguir unas buenas prestaciones y economía de combustible, y, si no se protegiera debidamente, podría sufrir una corrosión severa del aluminio. Para conseguir una protección óptima, insista siempre que le den anticongelante fabricado conforme a la especificación. En los territorios de clima cálido, durante todo el año. En los que no se requiere protección contra las heladas, reponga o llene el sistema, si se hubiera vaciado, con una mezcla de 97,5% de agua y el 2,5% de inhibidor anticorrosivo, conforme a la especificación. Para la capacidad de llenado de sistema de refrigeración, remítase a los "datos técnicos de la guía de funcionamiento".

Baterías

El electrólito de cada vaso se ha de encontrar entre las marcas, máxima y mínima, que podrán verse por la caja transparente de la batería. Si no existieran marcas de nivel, el electrólito habría de encontrarse 1 cm. por encima de las placas. En las baterías que necesitan poco mantenimiento, sólo hace falta comprobar el nivel del electrólito cada quince meses, en condiciones normales, esto no es aplicable con sobrecargas u operando a temperaturas ambientales altas. Este tipo de batería se puede identificar por el número de pieza, 81 AB, situado a un costado de la caja de la misma.

Advertencia: los cables de la batería se han de desconectar únicamente con el motor apagado. Al hacerlo, quite primero el cable negativo (masa). No toque con la llave los dos bornes de la batería ni el borne positivo y cualquier parte de la batería, ya que existirían cortocircuitos. Al conectar la batería, compruebe que el borne negativo se conecte el último. En condiciones arduas de funcionamiento -tal como conducción en distancias cortas, arranques frecuentes en frío y carreteras polvorientas- el cambio del aceite y el filtro deberá efectuarse en intervalos más cortos.

Nivel del líquido del cambio automático
Compruebe el nivel del líquido cuando el motor se encuentre a la temperatura de funcionamiento; es decir, después de un cierto recorrido.

Realice la comprobación del modo siguiente:

1.- Aparque el vehículo en terreno nivelado y aplique el freno de mano y el de pie.

2.- Con el motor al ralentí, mueva la palanca selectora, tres veces por todas las posiciones.

3.- Con el motor ralentí, seleccione la posición P y espere un minuto.

4.- Con el motor al ralentí, extraiga la varilla medidora, límpiela con un trapo sin hilachas, introdúzcala a fondo y vuelva a sacarla. Compruebe el nivel del líquido, que se ha de encontrar entre las dos marcas. No permita nunca que el nivel descienda por debajo de la marca inferior.

5.- En caso necesario, reponga el líquido especificado para las cajas de cambio automáticas, echándolo por el tubo de la varilla medidora.

Advertencia: al realizar comprobaciones de los componentes dentro del compartimento del motor con el motor en marcha, tenga cuidado de que la ropa, corbata o bufanda, no queden enganchadas en la correa del ventilador/transmisión.

En los vehículos con cambio automático: si fuera necesario poner en marcha el motor durante un periodo prolongado con el vehículo parado -como cuando se realizan ajustes bajo el capó- o antes de abandonar el vehículo con el motor en marcha, la palanca selectora se ha de encontrar en P y el freno de mano se ha de echar con firmeza.

Compruebe que la palanca selectora se encuentra correctamente colocada en P.

No revolucione el motor excesivamente con el vehículo parado.

Al llenar las cajas de cambio automáticas, compruebe siempre que el líquido que use, se ajusta a la especificación.

El cableado protegido principal se conecta al borne positivo de la batería, mediante una "unión de fusibles": si la batería del vehículo o una batería auxiliar se conectan incorrectamente, o si existiera un cortocircuito en el cableado, esta unión "se fundiría" y todo el sistema eléctrico dejaría de funcionar.

Tendría entonces que pedirle a su concesionario que le cambiara dicha unión.

Carga de la batería

Advertencia: el proceso de carga de una batería provoca la formación de hidrógeno, un gas altamente inflamable. Por consiguiente, al realizar la operación de carga, se han de tener en cuenta las siguientes precauciones:

La carga se ha de realizar en zonas bien ventiladas.

Cuando se lleve a cabo sin quitar la batería del vehículo, se ha de dejar el capó abierto.

El cargador de la batería se ha de desconectar antes de acoplar los cables de carga.

No fume, ni encienda llamas cerca de baterías que se estén cargando o que se acaben de cargar.

Al realizar la carga sin quitar la batería del vehículo, no desconecte los cables de la batería.

Al realizar la carga en un banco, no monte la batería en el vehículo hasta después de cinco o diez minutos de haber desconectado el equipo de carga ya que la batería continúa desprendiendo hidrógeno durante un corto período, después de haber sido cargada.

En los vehículos provistos de un sistema de cierre de puertas centralizado, el relé provoca un impulso de corriente cada vez que se conecta la batería. El resultado podría ser una chispa en los bornes de la misma. Es por ello, que, si su vehículo tuviera dicho sistema de cierre, habría de tener en cuenta, en especial, las dos primeras medidas de seguridad relacionadas anteriormente. No hace falta quitar ni aflojar los tapones de ventilación durante la carga.

Sistema de encendido

El que un motor produzca unas prestaciones y economía óptimas, depende en gran parte del estado en que se encuentre el sistema de encendido.

Advertencia: al realizar operaciones en la zona del sistema de encendido, se ha de tener cuidado en evitar descargas eléctricas, motivadas por los cables de alta tensión. Podrían ser graves en los sistemas de encendido con transistores.

Comprobación de bujías y cables

Antes de realizar la comprobación, separe el cable de masa (borne negativo) de la batería. Limpie los aisladores de las bujías, los cables del encendido, la bobina del encendido y la tapa del distribuidor, usando un trapo limpio, y verifique si estos componentes estuvieran rotos, cuarteados o poseyeran cualquier otro tipo de daño. Al ocuparse de las bujías, tenga un cuidado especial en no dañar el aislador de cerámica, que es muy frágil.

Ajuste del surtidor del lavalunetas

Si hiciera falta realizar ajustes, coloque la punta de un alfiler en la boquilla del surtidor y gírelo a la posición correcta.

Escobillas

Comprobación del estado de las escobillas del limpiaparabrisas. Los bordes de goma de las escobillas se usan y desgastan muy fácilmente. Nuestro consejo: cámbielas una o dos veces al año. Las escobillas de goma pueden quedar dañadas al estar en contacto con materiales tales como agentes limpiadores, grasas, siliconas o combustibles. Se recomienda, por tanto, limpiar regularmente las escobillas y el limpiaparabrisas, usando únicamente pasta de limpieza. Con heladas habría que separar las escobillas del limpiaparabrisas al estacionar el vehículo.

Cambio de brazo/escobillas del limpiaparabrisas

Al cambiar una escobilla, apriete la grapilla elástica y sáquela del brazo. Para quitar el brazo, sepárelo del parabrisas y extraiga la tapa abisagrada, en ciertos modelos, separe la tapa de plásticos. Retire la tuerca y la arandela y extraiga el brazo del vástago de transmisión.

Depósito del lavaparabrisas

Se ha de verificar con regularidad el nivel del líquido del depósito, que se repondrá cuando sea el caso, con una mezcla de agua limpia y aditivo para lavacristales con anticongelante, si el mando del lavaparabrisas, para verificar que el sistema quede cebado y los surtidores estén funcionando.

Depósito del lavalunetas

Compruebe con regularidad el nivel del líquido (remítase a "depósito del lavaparabrisas"). Después de llenar el depósito, accione el interruptor del lavaluneta para comprobar que el sistema quede cebado y que los surtidores estén funcionando.

Surtidores del lavafaros

El líquido para los surtidores del lavafaros -cuando hubiera- y para los surtidores del lavaparabrisas se suministra de un depósito común grande. Compruebe el funcionamiento y la acción de limpieza con regularidad. Sólo funcionarán con los faros encendidos. Estos surtidores sólo los puede ajustar con una herramienta especial.

Ajuste de los surtidores del lavaparabrisas

Si el chorro de agua de los surtidores no estuviera ajustado con precisión, se podrían reglar del modo siguiente: abra el capó, afloje los tornillos de retención de los surtidores, gírelos del modo correcto y apriete los tornillos de retención.

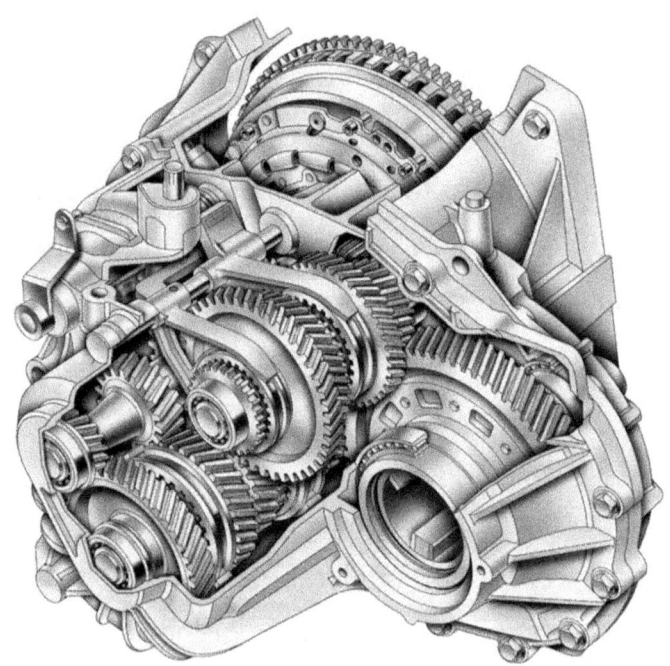

Caja de cambios

Sistema de sobrealimentación
Turbo

Usos y aplicaciones

El uso del turbo en los motores viene dada por la necesidad de aumentar la potencia sin tener que aumentar la cilindrada. Aumentar la potencia depende de la cantidad de combustible quemado en cada ciclo de trabajo y del número de revoluciones. Pero tanto en motores Diesel como en los de gasolina, por mucho que aumentemos el combustible que hacemos llegar al interior de la cámara de combustión, no conseguimos aumentar su potencia si este combustible no encuentra aire suficiente para quemarse. Así pues, solo conseguiremos aumentar la potencia, sin variar la cilindrada ni el régimen del motor, si conseguimos colocar en el interior del cilindro un volumen de aire (motores Diesel) o de mezcla (aire y gasolina para los motores de gasolina) mayor que la que hacemos entrar en una aspiración normal" (motores atmosféricos). En algunos casos, y en países situados a grandes altitudes o con climas muy calurosos, existe la necesidad de compensar la disminución de la densidad de aire producida por una disminución de la presión ocasionada por la altitud y una disminución de las moléculas de oxigeno por el aumento de temperatura. Para todos ello la sobrealimentación es la solución que podemos aportar. Hay dos fabricantes principales a la hora de construir turbocompresores que son Garret y KKK, también están IHI, MHI (Mitsubishi) y Holset.

Turbo Twin Scroll

La sobrealimentación en motores de gasolina

En el caso de los motores de gasolina, la sobrealimentación, presenta un problema inicial que ha de tenerse en cuenta. Como se ha visto, en la combustión de los motores de gasolina, el problema que acarrea sobrepasar una cierta presión de compresión puede ocasionar problemas de picado, bien por autoencendido o por detonación. Este problema es debido al aumento de temperatura que sufre la mezcla de aire-combustible dentro del cilindro en la carrera de compresión del motor que será tanto mayor cuanto mayor sea el volumen de mezcla (precisamente es lo que provoca la sobrealimentación). La solución para este problema consiste en reducir la relación de compresión por debajo de 10:1 con el fin de que no aumente demasiado la presión y con ello la temperatura de la mezcla que puede provocar el autoencendido o la detonación. Otro problema que hay que sumar a estos motores lo representa el aumento de las cargas térmicas y mecánicas. Debido a que las presiones durante el ciclo de trabajo en un motor sobrealimentado son mayores, esto se traduce en unos esfuerzos mecánicos y térmicos por parte del motor que hay que tener en cuenta a la hora de su diseño y construcción, reforzando las partes mecánicas más proclives al desgaste y mejorando la refrigeración del motor. Otra cosa a tener en cuenta es la variación en el diagrama de distribución. Así para un motor sobrealimentado, cuanto mayor sea el AEE (avance a la apertura de la válvula de escape) tanto mejor será el funcionamiento de la turbina. También la regulación al avance del encendido debe de ser mucho más preciso en un motor sobrealimentado, por eso se hace necesario un motor un encendido sin ruptor, por lo que es mejor el uso de encendidos transistorizados o electrónicos.

Además de todo ello, la sobrealimentación de gasolina ha de tener en cuenta los siguientes factores:
-Bomba de gasolina de mayor caudal y presión (por lo que se opta generalmente por bombas eléctricas).
-Que en el circuito de admisión de aire se instale un buen filtrado y que este perfectamente estanco.
-A fin de optimizar el llenado del cilindro, se precisa de un dispositivo (intercooler) que enfríe el aire que se ha calentado al comprimirlo por el sistema de sobrealimentación antes de entrar en los cilindros del motor.

-La riqueza de la mezcla, que influye directamente en la temperatura de los gases de escape; si el motor es turboalimentado, se reducirá la riqueza a regímenes bajos y elevar así la temperatura en el escape para favorecer el funcionamiento de la turbina, por el contrario, se elevara con regímenes altos, disminuyendo la temperatura de escape, a fin de proteger la turbina.

-En el escape, la sección de las canalizaciones una vez superada la turbina se agranda para reducir en la medida de lo posible las contrapresiones que se originan en este punto. Asimismo, al producir la turbina una descompresión de los gases de escape, los motores turbo son muy silenciosos.

-La contaminación que provocan los motores turboalimentados de gasolina es comparable a la de un motor atmosférico aunque los óxidos de nitrógeno son más importantes debido a las mayores temperaturas.

Particularidades según el sistema de alimentación
Según sea el sistema utilizado para sobrealimentar el motor de gasolina, el compresor puede aspirar aire a través del filtro de aire y enviarlo comprimido hacia el

carburador, o bien aspirar mezcla de aire -gasolina procedente del carburador y enviarlo directamente a los cilindros. En el primer caso, el carburador se sitúa entre el turbocompresor y el colector de admisión y el sistema recibe el nombre de "carburador soplado"; mientras que el segundo, el carburador se monta antes del turbo, denominándose "carburador aspirado".

La sobrealimentación en los motores Diesel

En el caso de los motores Diesel; la sobrealimentación no es una causa de problemas sino todo lo contrario, es beneficioso para un rendimiento óptimo del motor. El hecho de utilizar solamente aire en el proceso de compresión y no introducir el combustible hasta el momento final de la carrera compresión, no puede crear problemas de "picado" en el motor. Al introducir un exceso de aire en el cilindro aumenta la compresión, lo que facilita el encendido y el quemado completo del combustible inyectado, lo que se traduce en un aumento de potencia del motor. Por otro lado la mayor presión de entrada de aire favorece la expulsión de los gases de escape y el llenado del cilindro con aire fresco, con lo que se consigue un aumento del rendimiento volumétrico o lo que es lo mismo el motor "respira mejor".

No hay que olvidar que todo el aire que entra en el cilindro del motor Diesel hay que comprimirlo, cuanto más sea el volumen de aire de admisión, mayor será la presión en el interior de los cilindros.

Esto trae como consecuencia unos esfuerzos mecánicos en el motor que tienen un límite, para no poner en peligro la integridad de los elementos que forman el motor.

Los compresores

La forma de conseguir un aumento de la presión del aire necesario para la sobrealimentación es mediante la utilización de compresores; estos a su vez pueden ser turbocompresores (accionados por los gases de escape), y compresores de mando mecánico (accionados por el cigüeñal mediante piñones o correa).

El turbocompresor

Tiene la particularidad de aprovechar la fuerza con la que salen los gases de escape para impulsar una turbina colocada en la salida del colector de escape, dicha turbina se une mediante un eje a un compresor. El compresor está colocado en la entrada del colector de admisión, con el movimiento giratorio que le transmite la turbina a través del eje común, el compresor eleva la presión del aire que entra a través del filtro y consigue que mejore la alimentación del motor. El turbo impulsado por los gases de escape alcanza velocidades por encima de las 100.000 rpm, por tanto, hay que tener muy en cuenta el sistema de engrase de los cojinetes donde apoya el eje común de los rodetes de la turbina y el compresor.

También hay que saber que las temperaturas a las que va a estar sometido el turbo en su contacto con los gases de escape van a ser muy elevadas (alrededor de 750 °C).

Funcionamiento a ralentí y carga parcial inferior:

En estas condiciones el rodete de la turbina de los gases de escape es impulsado por medio de la baja energía de los gases de escape, y el aire fresco aspirado por los cilindros no será precomprimido por la turbina del compresor, simple aspiración del motor.

Funcionamiento a carga parcial media:

Cuando la presión en el colector de aspiración (entre el turbo y los cilindros) se acerca la atmosférica, se impulsa la rueda de la turbina a un régimen de revoluciones más elevado y el aire fresco aspirado por el rodete del compresor es precomprimido y conducido hacia los cilindros bajo presión atmosférica o ligeramente superior, actuando ya el turbo en su función de sobrealimentación del motor.

Funcionamiento a carga parcial superior y plena carga:

En esta fase continua aumentando la energía de los gases de escape sobre la turbina del turbo y se alcanzara el valor máximo de presión en el colector de admisión que debe ser limitada por un sistema de control (válvula de descarga).

En esta fase el aire fresco aspirado por el rodete del compresor es comprimido a la máxima presión que no debe sobrepasar los 0,9 bar en los turbos normales y 1,2 en los turbos de geometría variable.

Partes de un Turbocompresor

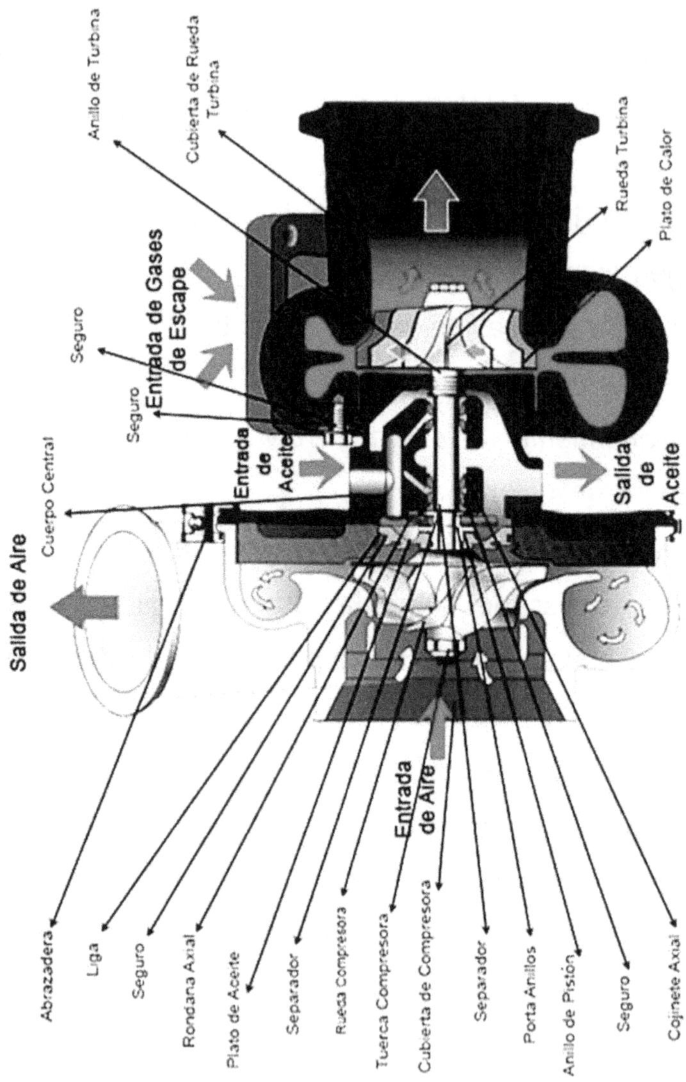

Regulación de la presión turbo

Para evitar el aumento excesivo de vueltas de la turbina y compresor como consecuencia de una mayor presión de los gases a medida que se aumenten las revoluciones del motor, se hace necesaria una válvula de seguridad (también llamada: válvula de descarga o válvula wastegate). Esta válvula está situada en derivación, y manda parte de los gases de escape directamente a la salida del escape sin pasar por la turbina.

La válvula de descarga o wastegate está formada por una cápsula sensible a la presión compuesta por un muelle, una cámara de presión y un diafragma o membrana. El lado opuesto del diafragma está permanentemente condicionado por la presión del colector de admisión al estar conectado al mismo por un tubo. Cuando la presión del colector de admisión supera el valor máximo de seguridad, desvía la membrana y comprime el muelle de la válvula despegándola de su asiento. Los gases de escape dejan de pasar entonces por la turbina del sobrealimentador (pasan por el bypass) hasta que la presión de alimentación desciende y la válvula se cierra.

La presión máxima a la que puede trabajar el turbo la determina el fabricante y para ello ajusta el tarado del muelle de la válvula de descarga. Este tarado debe permanecer fijo a menos que se quiera intencionadamente manipular la presión de trabajo del turbo, como se ha hecho habitualmente.

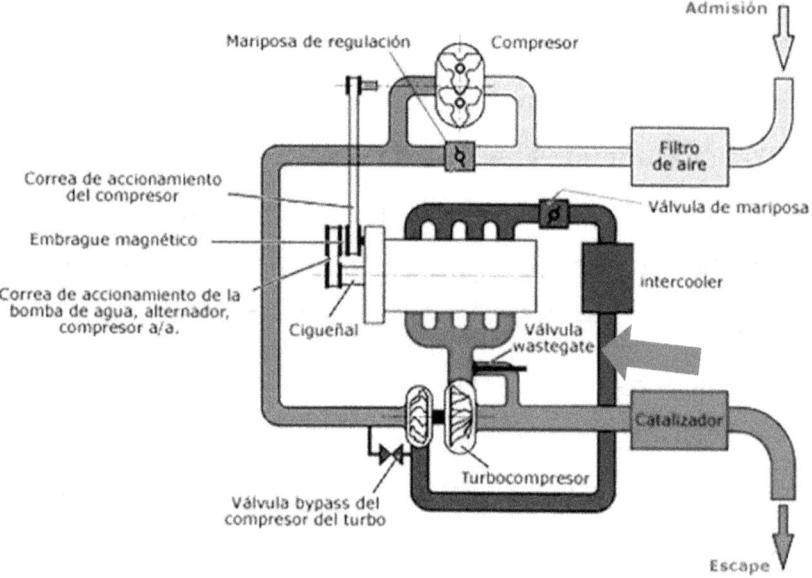

Detalle ubicación válvula Wastegate

En el caso en que la válvula de descarga fallase, se origina un exceso de presión sobre la turbina que la hace coger cada vez más revoluciones, lo que puede provocar que la lubricación sea insuficiente y se rompa la película de engrase entre el eje común y los cojinetes donde se apoya. Aumentando la temperatura de todo el conjunto y provocando que se fundan o gripen estos componentes.

Ejemplo práctico de modificación de la presión de soplado del turbo

Como ejemplo citamos aquí el conocido turbo Garret T2 montado en el clásico: Renault 5 GT Turbo, por lo fácil que es modificar la presión de soplado del turbo, para ello hay que atornillar/desatornillar el vástago del actuador de la wastegate. Cuanto más corto sea el vástago, más presión se necesita para abrir la wastegate, y por consiguiente hay más presión de turbo. Para realizar esta operación primero se quitaba el clip que mantiene el vástago en el brazo de la válvula. Afloja la tuerca manteniendo bien sujeta la zona roscada para que no gire y dañe la membrana del interior de la wastegate, ahora ya se puede girar el vástago (usualmente tiene dado un punto para evitar que la gente cambie el ajuste, así que hay que taladrarlo antes de girarlo). Tres vueltas en el sentido de las agujas del reloj deberían aumentar la presión en 0.2 bar (3 psi), pero es un asunto de ensayo y error. Cuando finalmente se tenga la presión de soplado deseada se aprieta la tuerca y se pone el clip.

Las temperaturas de funcionamiento

Las temperaturas de funcionamiento en un turbo son muy diferentes, teniendo en cuenta que la parte de los componentes que están en contacto con los gases de escape pueden alcanzar temperaturas muy altas (650 °C), mientras que los que está en contacto con el aire de aspiración solo alcanzan 80 °C. Estas diferencias de temperatura concentrada en una misma pieza (eje común) determinan valores de dilatación diferentes, lo que comporta las dificultades a la hora del diseño de un turbo y la elección de los materiales que soporten estas condiciones de trabajo adversas. El turbo se refrigera en parte además de por el aceite de engrase, por el aire de aspiración cediendo una determinada parte de su calor al aire que fuerza a pasar por el rodete del compresor. Este calentamiento del aire no resulta nada favorable para el motor, ya que no solo dilata el aire de admisión de forma que le resta densidad y con ello riqueza en oxígeno, sino que, además, un aire demasiado caliente en el interior del cilindro dificulta la refrigeración de la cámara de combustión durante el barrido al entrar el aire a una temperatura superior a la del propio refrigerante líquido. Los motores de gasolina, en los cuales las temperaturas de los gases de escape son entre 200 y 300°C más altas que en los motores diesel, suelen ir equipados con carcasas centrales refrigeradas por agua.

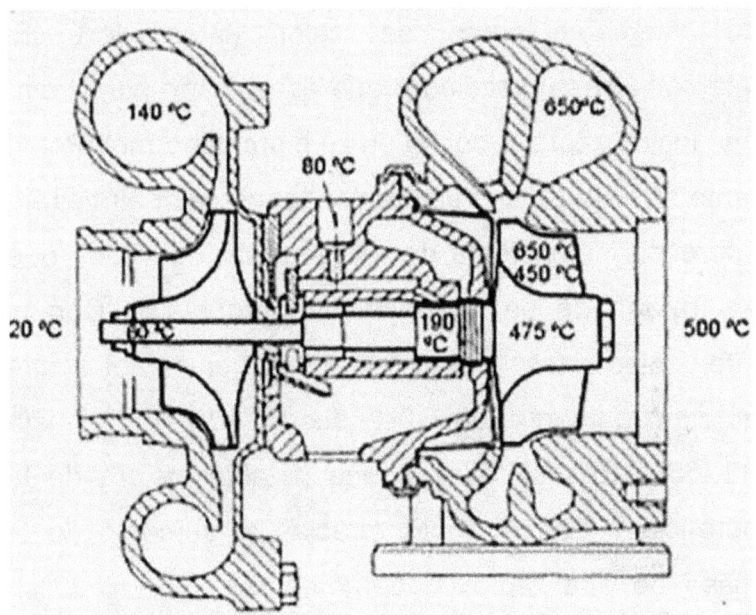

Temperaturas de funcionamiento del turbocompresor

Cuando el motor está en funcionamiento, la carcasa central se integra en el circuito de refrigeración del motor. Tras pararse el motor, el calor que queda se expulsa utilizando un pequeño circuito de refrigeración que funciona mediante una bomba eléctrica de agua controlada por un termostato.

Intercooler

Para evitar el problema del aire calentado al pasar por el rodete compresor del turbo, se han tenido que incorporar sistemas de enfriamiento del aire a partir de intercambiadores de calor (intercooler). El intercooler es un radiador que es enfriado por el aire que incide sobre el coche en su marcha normal. Por lo tanto se trata de un intercambiador de calor aire/aire a diferencia del sistema de refrigeración del motor que se trataría de un intercambiador agua/aire. Con el intercooler (se consigue refrigerar el aire aproximadamente un 40% desde 100°-105° hasta 60°-65°). El resultado es una notable mejora de la potencia y del par motor gracias al aumento de la masa de aire (aproximadamente del 25% al 30%). Además se reduce el consumo y la contaminación.

El engrase del turbo

Como el turbo está sometido a altas temperaturas de funcionamiento, el engrase de los cojinetes deslizantes es muy comprometido, por someterse el aceite a altas temperaturas y desequilibrios dinámicos de los dos rodetes en caso de que se le peguen restos de aceites o carbonillas a las paletas curvas de los rodetes (alabes de los rodetes) que producirán vibraciones con distintas frecuencias que entrando en resonancia pueden romper la película de engrase lo que producirá microgripajes. Además el eje del turbo está sometido en todo momento a altos contrastes de temperaturas en donde el calor del extremo caliente se transmite al lado más frío lo que acentúa las exigencias de lubricación porque se puede carbonizar el aceite, debiéndose utilizar aceites homologados por el API y la ACEA para cada país donde se utilice

Se recomienda después de una utilización severa del motor con recorridos largos a altas velocidades, no parar inmediatamente el motor sino dejarlo arrancado al ralentí un mínimo de 30 segundos para garantizar una lubricación y refrigeración óptima para cuando se vuelva arrancar de nuevo. El cojinete del lado de la turbina puede calentarse extremadamente si el motor se apaga inmediatamente después de un uso intensivo del motor. Teniendo en cuenta que el aceite del motor arde a 221 °C puede carbonizarse el turbo. El engrase en los turbos de geometría variable es más comprometido aun, porque además de los rodamientos tiene que lubricar el conjunto de varillas y palancas que son movidas por el depresor neumático, al coger suciedades (barnices por deficiente calidad del aceite), hace que se agarroten las guías y compuertas y el turbo deja de trabajar correctamente, con pérdida de potencia por parte del motor.

Recomendaciones de mantenimiento y cuidado para los turbocompresores

El turbocompresor está diseñado para durar lo mismo que el motor. No precisa de mantenimiento especial; limitándose sus inspecciones a unas comprobaciones periódicas. Para garantizar que la vida útil del turbocompresor se corresponda con la del motor, deben cumplirse de forma estricta las siguientes instrucciones de mantenimiento del motor que proporciona el fabricante:

- Intervalos de cambio de aceite
- Mantenimiento del sistema de filtro de aceite
- Control de la presión de aceite
- Mantenimiento del sistema de filtro de aire

El 90% de todos los fallos que se producen en turbocompresores se debe a las siguientes causas:

- Penetración de cuerpos extraños en la turbina o en el compresor
- Suciedad en el aceite
- Suministro de aceite poco adecuado (presión de aceite/sistema de filtro)
- Altas temperaturas de gases de escape (deficiencias en el sistema de encendido/sistema de alimentación).

Estos fallos se pueden evitar con un mantenimiento frecuente. Cuando, por ejemplo, se efectúe el mantenimiento del sistema de filtro de aire se debe tener cuidado de que no se introduzcan fragmentos de material en el turbocompresor.

Turbos de geometría variable (VTG)

Los turbos convencionales tienen el inconveniente que a bajas revoluciones del motor el rodete de la turbina apenas es impulsada por los gases de escape, por lo que el motor se comporta como si fuera atmosférico. Una solución para esto es utilizar un turbo pequeño de bajo soplado que empiece a comprimir el aire aspirado por el motor desde muy bajas revoluciones, pero esto tiene un inconveniente, y es que a altas revoluciones del motor el turbo de bajo soplado no tiene capacidad suficiente para comprimir todo el aire que necesita el motor, por lo tanto, la potencia que ganamos a bajas revoluciones la perdemos a altas revoluciones. Para corregir este inconveniente se ha buscado la solución de dotar a una misma maquina soplante la capacidad de comprimir el aire con eficacia tanto a bajas revoluciones como a altas, para ello se han desarrollado los turbocompresores de geometría variable.

Funcionamiento

El turbo VTG (Geometría Variable) se diferencia del turbo convencional en la utilización de un plato o corona en el que van montados unos alabes móviles que pueden ser orientados (todos a la vez) un ángulo determinado mediante un mecanismo de varilla y palancas empujados por una cápsula neumática parecida a la que usa la válvula wastegate. Para conseguir la máxima compresión del aire a bajas r.p.m. deben cerrarse los alabes ya que disminuyendo la sección entre ellos, aumenta la velocidad de los gases de escape que inciden con mayor fuerza sobre las paletas del rodete de la turbina (menor Sección =

mayor velocidad). Cuando el motor aumenta de r.p.m y aumenta la presión de soplado en el colector de admisión, la cápsula neumática lo detecta a través de un tubo conectado directamente al colector de admisión y lo transforma en un movimiento que empuja el sistema de mando de los alabes para que estos se muevan a una posición de apertura que hace disminuir la velocidad de los gases de escape que inciden sobre la turbina (mayor sección = menor velocidad).

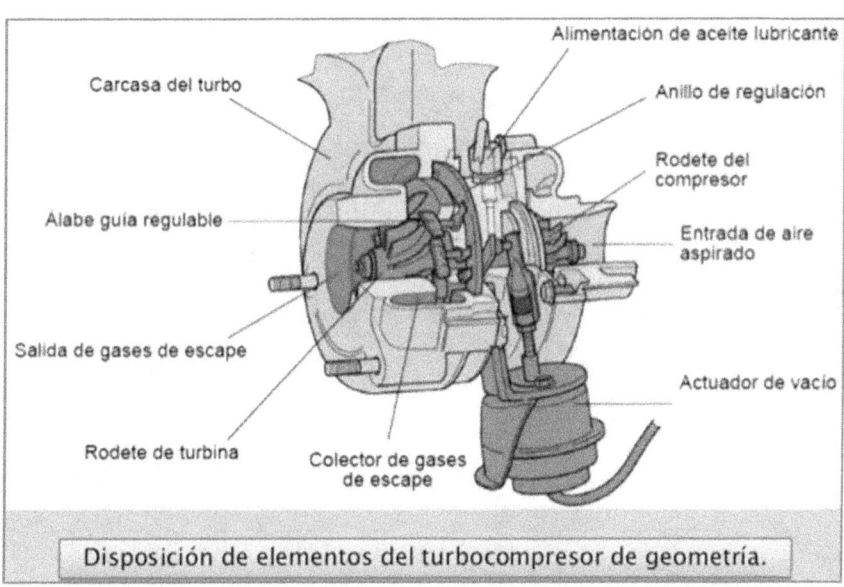

Disposición de elementos del turbocompresor de geometría.

Los álabes van insertados sobre una corona (según se ve en el dibujo), pudiendo regularse el vástago roscado de unión a la cápsula neumática para que los álabes abran antes o después. Si los alabes están en apertura máxima, indica que hay una avería ya que la máxima inclinación la adoptan para la función de emergencia.

El funcionamiento que hemos visto para el Turbo VTG es teórico ya que el control de la cápsula manométrica lo mismo que en los turbos convencionales más modernos, se hace mediante una gestión electrónica que se encarga de regular la presión que llega a la cápsula manométrica en los turbos VTG y a la válvula wastegate en los turbos convencionales, en todos los m argenes de funcionamiento del motor y teniendo en cuenta otros factores como son la temperatura del aire de admisión, la presión atmosférica (altitud sobre el nivel del mar) y las exigencias del conductor.

Las ventajas del turbocompresor VTG vienen dadas por que se consigue un funcionamiento más progresivo del motor sobrealimentado. A diferencia de los primeros motores dotados con turbocompresor convencional donde había un gran salto de potencia de bajas revoluciones a altas, el comportamiento ha dejado de ser brusco para conseguir una curva de potencia muy progresiva con gran cantidad de par desde muy pocas vueltas y mantenido durante una amplia zona del N° de revoluciones del motor.

El inconveniente que presenta este sistema es su mayor complejidad, y por tanto, precio con respecto a un turbocompresor convencional. Así como el sistema de engrase que necesita usar aceites de mayor calidad y cambios más frecuentes. Hasta ahora, el turbocompresor VTG solo se puede utilizar en motores Diesel, ya que en los de gasolina la temperatura de los gases de escape es demasiado alta (200 - 300 °C más alta) para admitir sistemas como éstos.

Gestión electrónica de la presión del turbo

Con la utilización de la gestión electrónica tanto en los motores de gasolina como en los Diesel, la regulación del control de la presión del turbo ya no se deja en manos de una válvula de accionamiento mecánico como es la válvula wastegate, que está sometida a altas temperaturas y sus componentes como son: el muelle y la membrana; sufren deformaciones y desgastes que influyen en un mal control de la presión del turbo, además que no tienen en cuenta factores tan importantes para el buen funcionamiento del motor como son la altitud y la temperatura ambiente.

Las características principales de este sistema son:

- Permite sobrepasar el valor máximo de la presión del turbo.
- Tiene corte de inyección a altas revoluciones.
- Proporciona una buena respuesta al acelerador en todo el margen de revoluciones.
- La velocidad del turbocompresor puede subir hasta las 110.000 r.p.m.

La electroválvula de control

Se comporta como una llave de paso que deja pasar más o menos presión hacia la válvula wastegate. Esta comandada por la ECU (unidad de control) que mediante impulsos eléctricos provoca su apertura o cierre. Cuando el motor gira a bajas y medias revoluciones, la electroválvula de control deja pasar la presión que hay en el colector de admisión por su entrada a la salida directamente hacia la válvula wastegate, cuya membrana es empujada para provocar su apertura, pero esto no se producir á hasta que la presión de soplado del turbo sea suficiente para vencer la fuerza del muelle. Cuando las revoluciones del motor son altas la presión que le llega a la válvula wastegate es muy alta, suficiente para vencer la fuerza de su muelle y abrir la válvula para derivar los gases de escape por el bypass (baja la presión de soplado del turbo). Cuando la ECU considera que la presión en el colector de admisión puede sobrepasar los márgenes de funcionamiento normales, bien por circular en altitud, alta temperatura ambiente o por una solicitud del conductor de altas prestaciones (aceleraciones fuertes), sin que esto ponga en riesgo el buen funcionamiento del motor, la ECU puede modificar el valor de la presión turbo que llega a la válvula wastegate, cortando el paso de la presión mediante la electroválvula de control, cerrando el paso y abriendo el paso, poniendo así en contacto la válvula wastegate con la presión atmosférica que la mantendrá cerrada y así se aumenta la presión de soplado del turbo. Para que quede claro, lo que hace la electroválvula de control en su funcionamiento, es engañar a la válvula wastegate desviando parte de la presión del turbo para que esta no actúe. La electroválvula de control es gobernada por la ECU (unidad de control), conectando a masa uno de sus terminales eléctricos con una frecuencia fija, donde la amplitud de la señal determina cuando debe abrir la válvula para aumentar la presión de soplado del turbo en el colector de admisión.

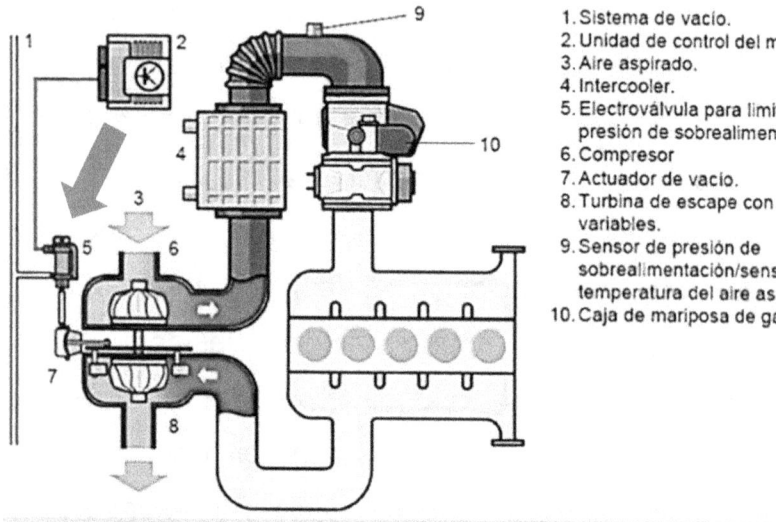

1. Sistema de vacío.
2. Unidad de control del motor.
3. Aire aspirado.
4. Intercooler.
5. Electroválvula para limitación de la presión de sobrealimentación.
6. Compresor
7. Actuador de vacío.
8. Turbina de escape con álabes variables.
9. Sensor de presión de sobrealimentación/sensor de temperatura del aire aspirado.
10. Caja de mariposa de gases.

Elementos que intervienen en un turbocompresor de geometría variable.

La ECU para calcular cuando debe abrir o cerrar la electroválvula de control tiene en cuenta la presión en el colector de admisión por medio del sensor de presión turbo que viene incorporado en la misma ECU y que recibe la presión a través de un tubo conectado al colector de admisión. También tiene en cuenta la temperatura del aire en el colector de admisión por medio de un sensor de temperatura, el N° de r.p.m del motor y la altitud por medio de un sensor que a veces está incorporado en la misma ECU y otras fuera.

Otra forma de controlar la presión de soplado del turbo

Hasta ahora hemos visto como se usaba la presión reinante en el colector de admisión para actuar sobre la válvula wastegate de los turbos convencionales y en la cápsula neumática en los turbos de geometría variable. Hay otro sistema de control de la presión del turbo que utiliza una bomba de vacío eléctrica que genera una depresión o vacío que actúa sobre la válvula wastegate a través de la electroválvula de control o actuador de presión de sobrealimentación.

Si aparece como novedad la bomba de vacío que se conecta a través de un tubo con la electroválvula de control (actuador de presión) y otros elementos actuadores que son accionados por vacío como la válvula EGR (recirculación de gases de escape). Este sistema de control de la presión del turbo tiene la ventaja frente a los anteriormente estudiados, de no depender de la presión que hay en el colector de admisión que en caso de rotura del tubo que transmite dicha presión además de funcionar mal el sistema de control del turbo, se perdería parte del aire comprimido por el turbo que tiene que entrar en los cilindros y disminuye la potencia del motor sensiblemente.

Compresores de accionamiento mecánico

El compresor de accionamiento mecánico también llamado compresor volumétrico no es ninguna novedad ya que se viene usando desde hace mucho tiempo, Volkswagen ya utilizaba un compresor centrífugo inventado en Francia en 1905. Ford y Toyota empleaban un compresor de tipo Roots inventado en 1854. Los compresores volumétricos son bombas de aire. Este mecanismo puede producir fácilmente un 50% más de potencia que los motores atmosféricos del mismo tamaño. Los antiguos compresores producían un ruido considerable pero los actuales son mucho más silenciosos. Como ocurre con los alternadores, los compresores volumétricos son accionados por el cigüeñal, generalmente por una correa, pero en ocasiones, por una cadena o conjunto de engranajes. Giran a una velocidad de 10.000 a 15.000 rpm, por lo tanto son mucho más lentos que los turbocompresores. La presión de sobrealimentación está limitada por la velocidad del motor (no hace falta válvula de descarga como en los turbocompresores).

Motor sobrealimentado por compresor de accionamiento mecánico

Debido a su forma de accionamiento ofrece un mayor par motor a bajas rpm que un turbocompresor. Otra ventaja del compresor frente al turbocompresor es que tiene una respuesta más rápida (no tiene el retardo del turbo). La desventaja principal del compresor es que roba potencia al motor debido a su accionamiento mecánico y está perdida aumenta a medida que sube el régimen de giro del motor, por lo que no facilita un rendimiento eficaz del motor.

Existen dos tipos de compresores: El de desplazamiento positivo y el dinámico.

El compresor de desplazamiento positivo moviliza la misma cantidad de aire en cada revolución independientemente de la velocidad. Cuanto más rápido gira, mas aire bombea. El compresor de desplazamiento más popular es el de tipo Roots, denominado compresor de lóbulos. En este caso un par de rotores en forma de "ochos" conectados a ruedas dentadas que giran a la misma velocidad pero en sentidos contrarios bombean y comprimen el aire conjuntamente. Este compresor más que comprimir el aire lo que hace es impulsarlo.

Funcionamiento de un compresor del tipo Roots o lóbulos

Los rotores se apoyan en unos cojinetes. En vista de que nunca se tocan entre sí, no se desgastan. En ocasiones, los lóbulos son helicoidales y, en otras, de corte recto. Esta versión sencilla con rotores de dos alabes origina una presión relativamente baja, y además la crea muy despacio al aumentar el régimen de giro. La potencia absorbida se sitúa para una sobrepresión de 0,6 bares y paso máximo de aire, en 12.2 CV. El rendimiento del compresor Roots no es muy alto y además empeora con el aumento del régimen de giro. La capacidad de suministro sólo supera el 50% en una gama muy limitada. El aire comprimido se calienta extraordinariamente.

Los compresores de lóbulos tienden a "pulsar" a bajas velocidades, no obstante, los de rotores helicoidales tienden a contrarrestar al máximo dichas pulsaciones. Los rotores pueden tener dos o tres lóbulos. Un rotor de tres lóbulos tiende a pulsar menos que uno de dos. El rotor de tres lóbulos da mejores resultados gracias a una mayor complejidad en su construcción, para moverse sólo necesitaba robar al motor 8 caballos de potencia para conseguir 0,6 bares de presión. Cuando el motor no está sometido a una gran carga, el vació del colector de admisión, gira los rotores como un molino de viento, robando por tanto menos potencia del motor. Los compresores utilizados por Volkswagen, llamados compresor centrífugo o cargador "G", presentan una forma de sus cámaras similar a esta letra. Las piezas alojadas en su interior se desplazan en un movimiento excéntrico como el de un hula-hop. Se caracteriza por un elemento desplazable dispuesto excéntricamente con estructura espiral en ambos lados (espiras móviles), que da lugar, junto con las carcasas (cárter fijo), también en espiral a cámaras de volumen variable. Dejó de utilizarse en la década de los 90 por sus problemas de lubricación y estanqueidad.

Otro compresor de desplazamiento positivo es el de aspas, el cual comprime el aire que aloja en su carcasa antes de obligarlo a salir. Esta bomba se utiliza con mayor frecuencia en motores pequeños con una presión de sobrealimentación elevada. Debido a que los compresores no funcionan por la acción de los gases de escape, no se calientan, por lo que la lubricación no constituye un problema tan importante como ocurre en los turbocompresores. De hecho, las unidades de compresores del tipo Roots se lubrican con su propio suministro de aceite SAE 90 de engranajes (el mismo que el de la caja de cambios), el cual no tiene un intervalo de cambio de aceite especifico. Los compresores son máquinas muy fiables, si bien la suciedad es su gran enemigo. Las fugas de vació (del lado de la admisión) atraen el polvo, el cual puede arruinar el compresor. Las fugas de aire del lado de salida del compresor disminuyen el rendimiento del motor. Por otra parte, las fugas de vació pueden confundir a la computadora (ECU), haciendo que la mezcla resulte demasiado pobre. Además una fuga en el lado de la presión aumenta en exceso la riqueza de la mezcla. El sensor de oxigeno (sonda Lambda) de estos sistemas capaces de regular la riqueza de la mezcla de aire y combustible analizando las características del gas quemado solo puede introducir correcciones menores en la mezcla y no puede contrarrestar el efecto de una fuga importante. Las fugas suelen estar acompañadas de un sonido (silbido) que cabe localizar fácilmente escuchando su procedencia.

Un compresor "dinámico" es similar a un turbocompresor.
Su salida aumenta proporcionalmente al cuadrado de su velocidad. De esta manera, si el motor gira dos veces más rápido, la salida de presión del compresor se cuadriplica. Por esta razón, este compresor funciona de forma óptima a regímenes elevados, pero tiene un menor rendimiento a ralentí. Las tres tipos de compresores dinámicos son: el centrífugo, el de flujo axial, y el de onda de presión. El compresor centrifugo es igual que un turbocompresor pero se activa mediante el cigüeñal y no por la acción de los gases de escape. El compresor de flujo axial no resulta muy usual debido a su coste de fabricación. El compresor de onda de presión se usa fundamentalmente en motores de dos tiempos.

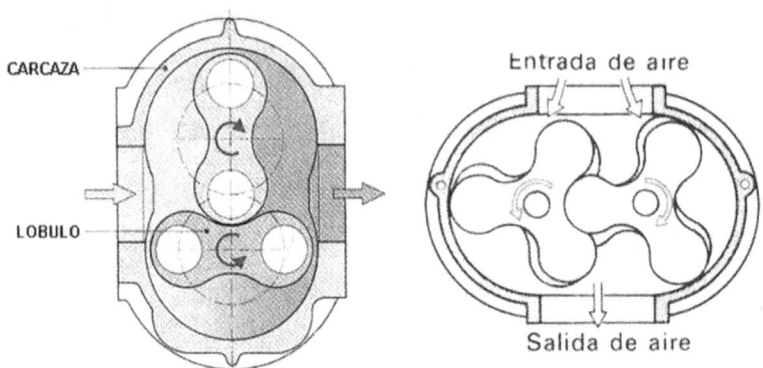

COMPRESORES DE LOBULOS

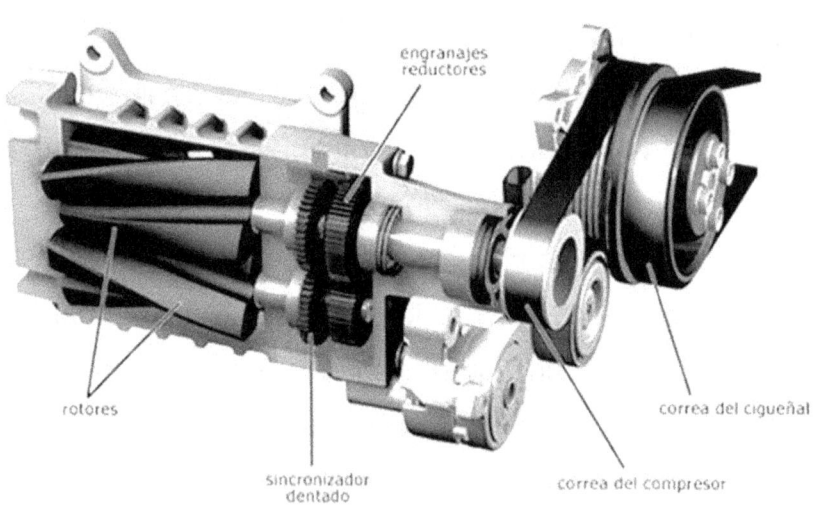

Elementos que componen el compresor

Compresor Roots

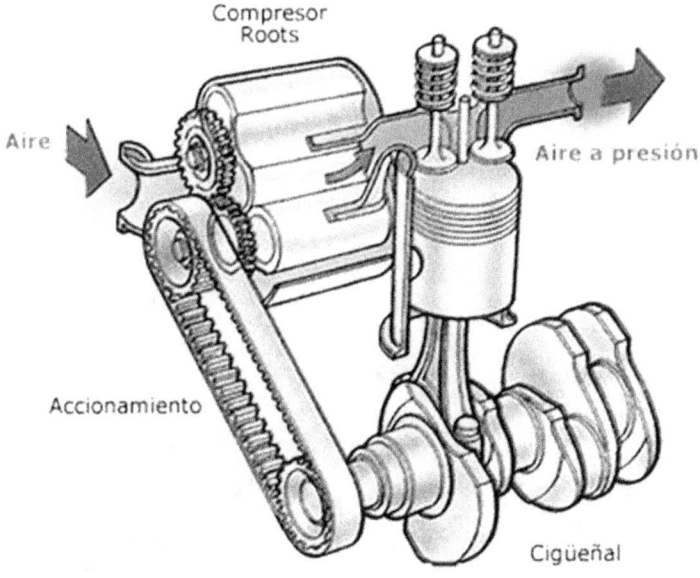

Detalle ubicación compresor Roots

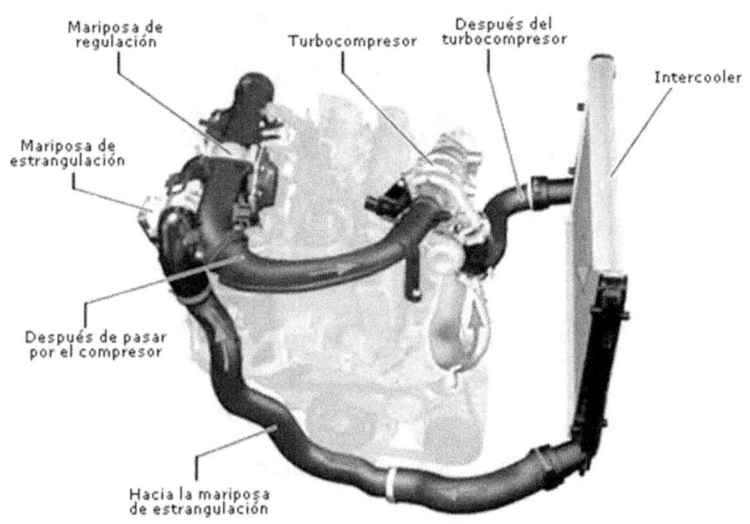

Circuito de aspiración de aire con intercooler

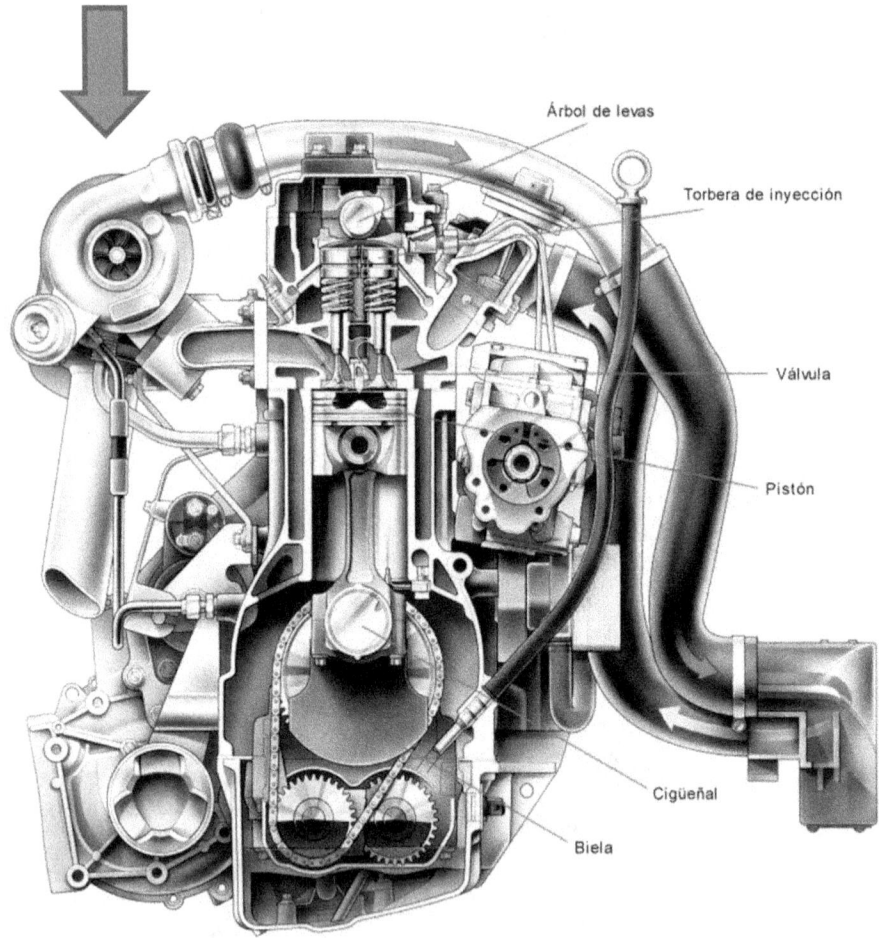

Ubicación Turbocompresor

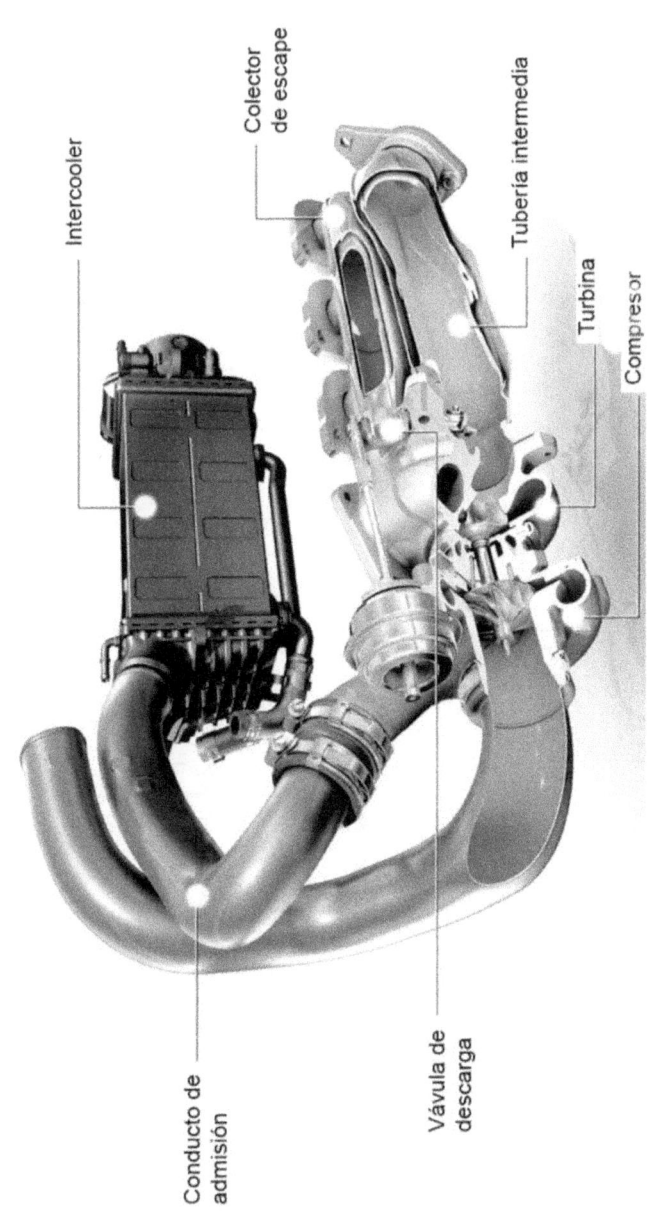

Intercooler

Colector de escape

Tubería intermedia

Turbina

Compresor

Conducto de admisión

Vávula de descarga

Detalle Intercooler

Bibliografía

CIAMPA.Corradino. Gas Inerte Nella Nave Cisterna.

CORPODIB. Corporación para el Desarrollo de Industrial de la Biotecnología.

CROUSE, William H. Automotive Engines, Fuel, Lubricating, Cooling Systems, Chassüs and Body, Electrical Equipement.

D'ADDARIO Miguel. Técnicas de Mecanizado industrial.

D'ADDARIO Miguel. Electricidad del automóvil.

FACOM. Manual de Herramientas. Cortesía de "Quinteros Limitada".

FAIRES.Virgil Moring. Termodinámica. Unión Tipográfica Hispano-Americana.

FIAT. Della structtura e del funcionamiento della autoretture e del velcoli industriali.Torino.

GENERAL MOTOR COMPANY CHEVROLET. On-Board Diagnostics - Generation One (I) and Two (II). Departamento post-venta.

ICONTEC, Instituto de Normas Técnicas Colombianas. Normas Técnicas de la Tecnología de Gas Natural Comprimido Vehicular.

LANDI. CD. Información técnica de equipos de conversión.

LOVATO. Folletos de información y divulgación de equipos.

MAIZTEGUI, Alberto. SABATO, Jorge. Introducción a la Física.

MONTENEGRO, Manuel Antonio. Notas de Taller. Cursos de Mecánica Diesel.

RENAULT. Tecnología del automóvil. Regie Nationale des Usines Renault Paris.

SENA. Cartillas de Mecánica Automotriz y Diesel.

SNAP-ON MUNDIAL. Manual de Herramientas. Cortesía de Impointer LTDA". Pereira.

VETRONIX CORPORATION. Manual de Operación del probador Multi-funcional. Master tech.

ZALAMEA, Eduardo. PARÍS, Roberto. RODRÍGUEZ, Jairo. Física 2.

Manual de
Mecánica del automóvil
Fundamentos, componentes y mantenimiento

Ing. Miguel D'Addario

Primera edición
CE
2017

www.ingramcontent.com/pod-product-compliance
Lightning Source LLC
Chambersburg PA
CBHW051634170526
45167CB00001B/192